规模畜禽养殖场节水技术案例

王鸿英　王永颖　于海霞　张盛南◎编著

天津大学出版社
TIANJIN UNIVERSITY PRESS

图书在版编目（CIP）数据

规模畜禽养殖场节水技术案例 / 王鸿英等编著.
天津 ： 天津大学出版社， 2024. 11. -- ISBN 978-7
-5618-7872-9

Ⅰ. S815

中国国家版本馆CIP数据核字第20258W1V31号

GUIMO XUQIN YANGZHICHANG JIESHUI JISHU ANLI

出版发行	天津大学出版社
地　　址	天津市卫津路92号天津大学内（邮编：300072）
电　　话	发行部：022-27403647
网　　址	www.tjupress.com.cn
印　　刷	廊坊市瑞德印刷有限公司
经　　销	全国各地新华书店
开　　本	787mm×1092mm　1/16
印　　张	12
字　　数	320千
版　　次	2024年11月第1版
印　　次	2024年11月第1次
定　　价	68.00元

编委会

前　　言

水是生命诞生的重要前提和必要条件，是人类生存和生产的物质基础。人类与水的关系密不可分，无论生活还是生产活动都离不开水这一宝贵的自然资源。所有的人类活动，如工业生产、农田灌溉、畜禽生产、城市生活都需要消耗大量的水。我国人均水资源量居世界第 109 位，是世界人均水平的 25%，也是世界人均水资源量最贫乏的国家之一。当前，我国面临的水资源危机包括自然条件影响和城市与工业区集中发展导致的可用水量不足，以及水污染日益严重的问题。全球范围内水资源短缺问题已经影响到许多国家和地区，对其经济和社会发展造成严重影响。因此，保护水资源、提高水的有效利用率、减少水污染，对于维护地球生态平衡和保障人类福祉至关重要。

畜牧业是全球水资源消耗较大的主要行业之一，尤其在一些干旱和半干旱地区，畜牧业的水资源消耗占比较大。近年来，我国畜牧业发展迅速，但水资源短缺问题日益突出。北方地区尤其严重，许多牧场和养殖场均存在不同程度的水资源紧张问题。2023 年，全国农业用水 3 672.4 亿 m^3，占用水总量的 62.2%。在水资源严重紧缺的形势下，要保障国家食物安全和农产品有效供给，必须实施农业节水，发展高水效农业，大幅度提高农业用水效率与效益。

随着全球气候变暖和水资源紧张问题的加剧，畜禽养殖业承受着越来越大的水资源压力。畜禽养殖业中废水的处理和排放对环境有一定影响，应用节水技术回收利用废水，可以减少废水的排放量，减轻其对环境的压力，保护生态环境。例如，优化饮水系统和改进饲料配方，可以减少水的使用量，同时提高和改善畜禽的生长速度和健康状况，从而增加养殖场的经济效益，有效提高畜牧业水资源的利用率，减少水资源的浪费，对于保障水资源的可持续利用具有重要意义。

本书简述了畜牧业的用水现状以及面临的问题，介绍了我国及天津市畜牧业节水相关政策法规，节水技术措施的研究进展及标准化建设情况，畜禽养殖生产环节、饲草种植环节的节水技术方法及节水设施设备等；同时，总结出近年来天津市畜禽养殖在优化饮水系统、废水循环利用、饲草灌溉优化等养殖实践中应用节水技术措施的 24 个典型案例，旨在推广和发展节水技术、提高水资源利用效率、减少水资源浪费、促进畜禽养殖业的可持续发展。

节水技术的应用有助于养殖业向更加环保和可持续的方向发展，符合国家对农业可持续发展的要求，同时也是养殖业应对未来挑战可采取的重要手段；在提高水资源利用效率、应对水资源短缺、保护环境、提升经济效益，以及促进养殖业的可持续发展等方面均具有重要意义。

编者

2024 年 10 月

目　录

第 1 章　畜牧业水资源利用现状与节约利用重要性

1.1　畜牧业节水技术措施现状及问题

1.1.1　农业在我国水资源利用中的高占比与低利用

我国是一个水资源匮乏的国家，占国土面积 52% 的区域属于干旱和半干旱地区。据水利部 2023 年《中国水资源公报》显示，全国水资源总量为 25 782.5 亿 m^3，比多年平均值偏少 6.6%，比 2022 年减少 4.8%。其中，地表水资源量为 24 633.5 亿 m^3，地下水资源量为 7 807.1 亿 m^3，地下水与地表水资源不重复量为 1 149.0 亿 m^3。2023 年，全国用水总量为 5 906.5 亿 m^3。其中，生活用水量为 909.8 亿 m^3，占用水总量的 15.4%；工业用水量为 970.2 亿 m^3，占用水总量的 16.4%；农业用水量为 3 672.4 亿 m^3，占用水总量的 62.2%；人工生态环境补水量为 354.1 亿 m^3，占用水总量的 6.0%。全国用水消耗量为 3 201.7 亿 m^3，耗水率为 54.2%。其中，农业用水消耗量为 2 421.5 亿 m^3，占总消耗量的 75.6%，耗水率为 65.9%；工业用水消耗量为 215.8 亿 m^3，占总消耗量的 6.7%，耗水率为 22.2%；生活用水消耗量为 352.6 亿 m^3，占总消耗量的 11.1%，耗水率为 38.8%；人工生态环境补水耗水量为 211.8 亿 m^3，占总消耗量的 6.6%，耗水率为 59.8%。从以上数据可以看出，我国农业用水量、农业用水消耗量均超过全国用水总量和用水消耗量的 60%，这一比例反映了我国水资源主要应用在农业方面。

尽管农业用水量巨大，但其有效利用率却较低，仅为农业灌溉用水量的 1/3 左右，说明我国农业水资源利用效率有待提高。此外，我国水资源浪费现象十分惊人，农业作为用水大户，对水的有效利用与发达国家相比存在明显差距。从目前掌握的数据看，农田用水有效利用系数最高的国家为以色列，高达 0.87；其次是澳大利亚和俄罗斯，为 0.8 左右；美国、法国、西班牙、英国等国家也在 0.6 以上。这些数据表明，发达国家的农业用水效率较高，能够更有效地利用水资源进行农业生产。农业用水效率的提高得益于先进的灌溉技术和农业管理措施。例如，采用滴灌、喷灌等高效灌溉方式，以及通过精确的水资源管理和作物种植规划，可以显著提高农业用水的利用效率。这些措施不仅有助于提高农产品的产量和质量，还能减少水资源的浪费，对环境保护和可持续发展具有重要意义。相比之下，中国的农业用水效率虽然近年来有所提高，但与发达国家相比仍存在差距。例如，2020 年中国农田灌溉水有效利用系数为 0.565，而发达国家普遍在 0.7 到 0.8 之间。这表明中国在农业节水技术和管理方面还有较大的提升空间，通过引进和推广先进的节水技术和农业管理模式，可以提高农业用水效率，促进农业可持续发展。

农业用水效率低下的原因主要包括渠道渗漏损失大、大水漫灌浪费严重、地下水超量开采。第一，渠道渗漏损失大。在生产实践中，将水从源头引至田间，必须通过渠道或其他的水工建筑物，在运输过程中，有一部分甚至超过一半的水在途中遭受损失。通过生产实践得知，衬砌渠道是控制渗漏损失的最有效途径。然而我国已衬砌的干支渠道约为 55 万 km，仅占渠道总长的 18%，而干支渠道以下大多仍是传统的土质渠道，在输水、配水过程中渗漏损失量较大。例如，按用单一渠道计算，从渠首到渠尾的渗漏损失一般能达 30% 到 40%；按整个系统计算，包括干支斗农渠在内有接近 50% 的水量被渗漏损失。第二，大水漫灌浪费严重。目前，我国农业用水大多按照灌溉面积收取水费，不少灌区采取大水漫灌的方式进行灌溉，存在灌水量偏大的问题。此外，渠道渗漏严重与维护管理措施不完善等，自流灌区灌溉水利用率低，水资源浪费严重。第三，地下水超量开采。近年来，为满足农业和国民经济发展相关部门的用水需求，我国部分北方地区不得不超量开采地下水。仅北方五大流域的平原区，地下水资源开发利用率已接近或超过极限。例如，海河滦河流域平原区的地下水开采量已经超限；黄河流域平原区地下水开采量达到 92%；淮河流域平原区地下水开采量达到 65% 到 77%；松花江和辽河流域平原区地下水开采量也分别达到 65% 和 75%。可见，北方平原区的地下水超量开采已相当严重。天津市在地下水开采方面实施了严格的管理措施，以应对农业用水效率低下问题。例如，天津市人民政府办公厅发布的文件中制定了地下水超采区的严格管理措施，包括地下水取水许可审批制度的加强、地下水超采区内取水许可的严格控制，以及地下水压采工作的推进。这些措施旨在解决过度开采地下水等环境问题，保护地下水资源，防止地面沉降。这类问题不仅影响了农业用水的效率，还对环境和经济可持续发展构成了挑战。为了提高农业用水效率，需采取一系列综合措施，如增强农民节水意识、制定农业节水条例、加大农业节水投资力度、建设配套灌溉工程、采用节水型灌水技术、提高水分生产率、选用节水型作物和品种以及加强节水灌溉基础研究等。

1.1.2 畜牧业用水量特征及其主要影响因素

在农业用水中，畜牧业用水占农业用水的 29% 左右，主要为畜禽养殖生产环节用水、畜禽饲草饲料作物种植环节用水，其中畜禽养殖生产环节用水主要包括畜禽饮用水、舍内环境控制用水、圈舍冲洗用水、挤奶厅用水、粪污处理设施用水等。畜牧业在生产过程中需要消耗大量的水资源，主要包括畜禽动物的饮用水、饲料生产的灌溉用水以及处理畜牧业废弃物用水。有研究显示，生产 1 t 牛奶需要消耗 1 020 m^3 的水，全球平均每生产 1 t 鸡肉需要消耗 4 300 m^3 的水，生产 1 t 山羊肉需要消耗 5 500 m^3 的水，生产 1 t 猪肉需要消耗 6 000 m^3 的水，生产 1 t 绵羊肉需要消耗 10 400 m^3 的水，生产 1 t 牛肉需要消耗 15 400 m^3 的水，同等质量肉类耗水量依次增高。不同畜种养殖生产耗水量不同的原因，一方面是因为不同畜种饲料转化率不同，如生产 1 kg 牛肉所消耗的饲料是生产 1 kg 猪肉所消耗饲料的 8 倍；另一方面是因为不同畜种饲料组成不同，如肉鸡的饲料中精饲料比例需要超过 70%，而肉牛的饲料中则不需要过多的精饲料，其比例仅为 5%，精饲料饲喂的耗水量要远远大于粗饲料饲喂的耗水量。相关水足迹的研究表明，随着畜禽产品在生产链中位置的升高，单位畜禽产品的耗水量也大幅升高。同时，地区、气候条件、生产技术及农业生产水平均对养殖耗水量产生影响。随着人类对畜产品需求的增加，养殖用水量激增成为人类用水量增加的主要原因，养殖用水量已占人类用水量的 8%，其中用于饲料作物灌溉的用水量占人类用水量的 7%，而且畜牧业生产可能是造成水污染的较大污染源。因此，畜牧业对水资源的需求和利用具有其特殊性，不仅会消耗大量水资源，而且对水资源的管理、节约和水质保护提出了挑战。提高水资源利用效率、加强水资源管理和节约，以及有效处理畜牧业废水，可以在很大程度上实现畜牧业的可持续发展。

我国是畜牧业大国，国家统计局《中华人民共和国 2023 年国民经济和社会发展统计公报》统计数据显示，2023 年，我国猪肉产量为 5 794 万 t，比上年增长 4.6%；牛肉产量为 753 万 t，比上年增长 4.8%；羊肉产量为 531 万 t，比上年增长 1.3%；禽肉产量为 2 563 万 t，比上年增长 4.9%；牛奶产量为 4 197 万 t，比上年增长 6.7%；禽蛋产量为 3 563 万 t，比上年增长 3.1%。这些数据说明，2023 年我国在肉类和奶制品生产方面稳步增长，其中猪肉、牛肉、禽肉和牛奶的产量均显著增加，而羊肉和禽蛋的产量也实现了稳定增长，且各种畜禽产品均呈现持续增长的态势。当前，一方面要求产业快速发展以确保畜产品的稳定供应，另一方面，要求农业通过调结构、转方式，坚持走产出高效、产品安全、资源节约、环境友好的现代农业发展道路。在此背景下，推广畜牧业节水技术、设备，发掘畜牧业的节水潜力，解决畜牧业生产方式仍然存在的用水粗放、水资源利用效率低下等问题，已成为提升畜牧业用水效率的重要途径。

1.1.3　国内外畜牧业节水技术措施研究进展

畜牧业的规模化发展对水资源利用效率提出了更高的要求。改进灌溉技术、完善畜禽舍饮水系统设计、提高畜禽舍饮水系统管理水平等，可以减少水资源浪费、提高水资源利用效率。

近年来，国内外农业科技人员一直致力于开发更贴近生产实际、实用有效的节水技术，通过在畜禽养殖生产环节、饲草种植环节、粪便管理环节采取节水措施，以及研究探索种养结合等具有较好节水效果的养殖模式，进行一系列的畜牧业节水技术及模式的研究，并将其应用到畜牧业养殖生产实际中，取得了很好的节水效果。艾伦· A.G.（Allen A.G.）等发现采取种养结合等养殖技术模式、作物轮作等种植模式，可以降低灌溉用水量。例如，美国得克萨斯高地平原采用“棉花 - 饲草 - 肉牛”的种养结合模式，与传统的单一棉花种植模式相比，可以节约 25% 的水，而且取得了同等的经济效益和更多样化的收益。在肉鸡养殖方面，在鸡舍应用干式发酵床技术，即使用微生物菌剂对鸡粪进行发酵、分解和转化，可大幅减少和消除鸡舍内有害气体和刺激性气味，自动除臭，从源头上解决环境污染问题。另外，鸡在啄食有益菌体物质后，可改善营养消化吸收能力，不仅可节省 10%~20% 的饲料成本，还节省了清粪、冲洗的人工费用和水费，同时可节约 80% 以上的用水。在奶牛养殖方面也有相关研究，莫琼才对我国南方一家奶牛养殖场的排污水进行了沼气发酵和沉淀处理，目的是探索一种高效节水的奶牛场污水处理和循环利用模式。该模式以沼气废液中的上清液对栏舍进行冲洗，将冲洗栏舍后的液体废弃物作为水肥源施用到该养殖场附近的牧草地，平均节约用水 46.6%，节水效果非常显著，在养殖场自给供水减少的情况下，基本保障了奶牛的饮水需求。种草养牛作为一种节本增效、生态循环的模式是发展养殖业的一个重要选择。相同耕地面积，种草获得的生物量和蛋白质远远超过谷物。以种植多年生紫花苜蓿为例，苜蓿干草粗蛋白含量高达 24%~26%，按每 667 m^2 产 1 500 kg 干草计算，每 667 m^2 产粗蛋白近 400 kg；而谷物粗蛋白含量仅为 8%，按谷物年平均 667 m^2 产 700 kg 计算，每 667 m^2 产粗蛋白 56 kg，加上秸秆产粗蛋白也不超过 70 kg。种草获取的生物量是谷物的 5~8 倍，可显著降低饲料成本。节水、耐旱的牧草品种很多，谷物需要其种植地区的年降雨量达到 800 mm 以上才能实现高产，而有些耐旱牧草品种只要年降雨量 200 mm 就可以达到高产。我国华北平原年降雨量仅 500~600 mm，因此在灌溉用水量的巨大需求下，大力推广种植紫花苜蓿可缓解玉米饲料的生产压力。此外，也可以采取集雨生态畜牧模式，采取此种模式需要先确定养殖地的雨水量和市场情况，确定合理的养殖结构和载畜量，采用优良品种和先进的养殖技术，从而提高饲料转化效率与单位畜产品的经济效益，达到经济效益与生态效益双赢的目的。此外，在牧区畜牧养殖还可与退耕还林还草相结合，充分利用雨水资源，协调解决水 - 草 - 畜的矛盾。在建设集流与蓄水工程的基础上，引进适宜该地区的牧草和牲畜品种，采取微喷灌等节水技术措施，推广饲草节水补灌技术，力求实现经济效益和生态效益的双赢。

综上所述，通过推广节水技术，如规模化、标准化养殖场的现代化自动供水系统，替换传统养殖用水模式，实施节水工艺，如针对畜禽舍水冲粪模式耗水量大的问题，采用干清粪、机械刮粪等节水工艺，可以在一定程度上有效减少水资源浪费，实现畜禽养殖节水效果最大化。

1.1.4 畜牧业用水面临的问题及对策措施

我国农业节水水平与国际先进水平相比还有较大差距。由于农业节水需要巨大的资金投入、强大的科技支撑和有力的政策保障，涉及不同行业部门，且我国各地经济发展不平衡，水资源利用形式、灌溉模式、土壤与作物种植的区域差异较大，因此在发展过程中也面临着一些严峻挑战。当前，畜牧业用水面临水资源利用效率不高、科技支撑能力较弱、加工产业链短以及市场开拓能力有限等问题。水资源利用效率不高主要表现在部分地区由于种植结构、水资源及政策措施等因素，人工饲草料地保留面积不能满足冷季舍饲的需求，影响畜牧业生产方式的转变。科技支撑能力较弱则体现在畜牧业科技支撑能力不足，科研投入有限，产学研联动机制不健全，缺乏成果示范与转化平台等。加工产业链短体现在畜产品精深加工滞后，牛羊肉加工企业数量虽然多但规模小、实力不强、加工业链条短且不够完整。市场开拓能力有限体现在我国西部如新疆等畜牧业产区远离内地市场，牛羊肉通过冷链物流运往内地的运输成本较高，优质牛羊肉难以实现优价。

面对以上发展中存在的问题，近年来，我国推行了一系列政策法规，如加强“菜篮子”产品应急保供基地建设，优化生猪产能调控机制，稳定牛羊肉基础生产能力，探索构建大食物监测统计体系，加强农村生态文明建设，持续打好农业农村污染治理攻坚战，推进兽用抗菌药使用减量化行动，优化草原生态保护奖补政策，强化农业科技支撑，加快推进种业振兴行动和加快选育推广生产急需的自主优良品种等。通过这些政策和法规逐步引导产业优化畜牧业生产方式、推广节水技术、加强生态保护和疫病防控等，促进畜牧业的可持续发展，同时减少水资源的使用和浪费。这些政策法规从思想、制度、科技、产业、流通五个方面，采取了如下具体措施。

一是从思想上提升全社会节水意识。通过积极宣传节水知识，引导公民树立节水意识，将节水意识传递给周围的每一个人，扩大节水影响，推进节水农业发展。各级农业部门充分认识并积极宣传节水农业对于保障国家粮食安全、转变农业发展方式的重要意义，加快推进节水农业发展进程。近年来，我国在宣传节水知识、树立节水意识方面采取了多种措施。首先，开展全国节水宣传周活动，在全国城市节约用水宣传周期间，各地积极组织开展各种形式的节水宣传活动。例如，吉林省辽源市以“推进城市节水，建设美丽城市”为主题，通过设立咨询台、展板和发放节水宣传品等方式，宣贯《节约用水条例》，宣传城市节水新标准、新规范、新技术，使节水减排、绿色低碳理念深入人心。其次，水利部等 10 部门联合发布《公民节约用水行为规范》。水利部联合有关部门强势开展节水宣传活动，结合水利职工节约用水行为规范、行业外同类行为规范实践经验，考虑节水的社会性特点，并在广泛征求意见的基础上形成《公民节约用水行为规范》。这一规范的发布为公民提供了具体的行为指导，有助于形成全社会的节水共识。再次，开展形式多样的节水教育活动，各地中小学校通过不断强化节水教育，在广大青少年中传播节水理念，努力培养学生科学、文明、节约的用水意识。例如，通过开展节水主题班会、国旗下讲话、节水短视频拍摄、手抄报绘制等活动，在学生心中种下节水的种子，以小手拉大手的方式，引导全民增强珍惜水、节约水、保护水的意识。此外，各类媒体也发挥宣传教育和舆论监督功能，深入持久地宣传水资源保护法律法规，普及节水知识和方法。通过电视、广播、网络等多种渠道，动员全社会力量参与水资源监督管理，不断培养和增强全民节水意识，倡导广大群众积极参加节水护水行动，有效地提高了公众对水资源珍贵性的认识，促进了公民节水意识和行为的形成，为建设节水型社会奠定了坚实的基础。

二是从制度上加强水资源管理，制定和实施更严格的水资源管理政策，优化水资源配置，提高水资源利用效率。近年来，为加强水资源管理，我国制定和实施了一系列的水资源管理政策。首先，完善和细化用水总量的控制制度、取水许可和水资源有偿使用制度、水资源论证制度、计划用水制度、水功能区管理制度等，确保每一项水资源的开发利用、节约保护等行为都有章可循。这些制度的建立和实施，为水资源的合理利用和保护提供了坚实的制度保障。其次，对取用水总量已经达到或者超过控制指标的地区，暂停审批建设项目的新增取水；对取用水总量接近控制指标的地区，则限制审批新增取水。这一措施有效地控制了水资源的开采速度，避免了过度开采导致的资源枯竭。再次，制定节水的强制性标准，禁止出售不符合节水强制性标准的产品，通过这种方式鼓励节约用水，减少浪费。在现有排污量状况方面，对超出水功能区限制纳污总量的地区，限制审批新增取水，限制审批入河排污口，这一政策有效地减少了水体污染，保护了水生态环境。此外，将水资源开发利用和节约保护的主要指标纳入地方经济社会发展综合评价体系，县级以上人民政府的主要负责人对本行政区域水资源的管理和保护负总责，并制定和实施严格的考核和问责制度。这种做法明确了水资源管理的责任，提高了地方政府和水资源管理部门的执行力。通过上述措施，我国在水资源管理方面取得了显著的成效，包括水资源利用效率的提高、水环境的改善以及公众水资源保护意识的提高。这些成效证明了通过制度上的加强和管理政策的实施，可以有效促进水资源的合理利用和保护。

三是从科技上提升创新能力，增加科研投入，加强产学研合作，推广先进的畜牧业技术和设备，提高畜牧业的生产效率和资源利用效率，推广畜牧业防高温抗旱节水技术措施，包括采用干清粪工艺、推广有节水装置的饮水器、在畜禽圈舍遮阳通风、加强饲养管理、强化疫病防控、保障饲草饲料供应等措施。近年来，畜牧业防高温抗旱节水技术措施的推广和应用已经成为提高畜牧业抗旱能力和保障畜牧业稳定发展的重要手段。例如，甘肃省、浙江省、江西省以及重庆市等全国畜产品主要产区的农业部门开展了畜牧业防高温抗旱节水技术措施的推广工作。第一，采用干清粪工艺，畜牧业生产管理通过采用干清粪工艺，特别在抗旱期间减少了养殖用水量。这种工艺的采用，不仅有助于减少水资源的浪费，还能有效解决干旱条件下的水资源紧张问题。第二，推广节水装置，通过推广安装有节水装置的饮水器，实现了定量、定时用水，避免了“长流水”等浪费现象。这种做法在减少水资源浪费的同时，也提高了水资源的利用效率。第三，采取畜禽圈舍的遮阳通风措施，通过在畜禽圈舍顶部搭建遮阴篷或覆盖遮阴物，或采取安装风扇或送风机进行机械通风，保证畜禽圈舍内空气流通，减少阳光辐射，达到降温的目的。第四，调整饲料与优化饲养管理，通过适当降低能量饲料比例，增加维生素、矿物质的比例，并在饲料中添加牛磺酸、小苏打、维生素 C、氯化钾等，增强畜禽的耐热能力，减缓热应激反应。第五，加强疫病防控措施，通过做好高温时期的圈舍清洁卫生工作，及时清除粪便和垫料，搞好圈舍内、养殖场内环境消毒，减少有机质发热，切断细菌、病毒的繁殖传播途径。第六，保障饲草饲料供应，饲草饲料生产、加工和养殖企业做好饲草饲料供应形势研判，确保草料供应，防止因干旱导致饲草饲料减产从而影响到畜牧业生产。此外，在饲草种植方面改进灌溉技术，采用多级优化灌溉，合理分配灌溉水源，确保牧草得到适量水分的同时减少水资源的浪费。这些措施的实施，不仅提高了畜牧业的抗旱能力，也确保了畜牧业的稳定发展，为畜牧业应对高温干旱等极端天气提供了有效的技术支持。

四是从产业上延长加工产业链，鼓励和支持畜产品精深加工企业的发展，提高畜产品的附加值和市场竞争力。近年来，内蒙古自治区人民政府办公厅推出了一系列措施，旨在支持农畜产品精深加工的发展。这些措施包括扶持现有企业做大做强，对新认定的农业产业化国家重点龙头企业给予一次性 50 万元的奖励，并建立国家级产业化龙头企业一对一扶持机制，集中资源和力量解决企业面临的困难和问题。此外，还大力引进精深加工企业，统筹乡村振兴相关资金，根据引进企业的需求，建设符合标准化生产的厂房、购置精深加工设备，租赁给引进并在自治区新注册的农畜产品精深加工企业开展加工生产。这些措施旨在促进企业的规模化、产业化、品牌化发展，尽快实现畜牧业全产业链产值突破万亿元，推动畜牧业由产量大区向产业强区转变。新疆维吾尔自治区托里县畜牧兽医局也积极争取上级资金支持，推动畜产品精深加工企业发展，通过对基础设施建设等方面的扶持，推动企业提档升级。该县下一步将立足畜产品优势资源，加快重点项目建设，继续加大招商引资力度，以肉类精深加工为重点，围绕毛、绒、皮等副产品精深加工，延长产业链，实现畜产品加工业集成化、高端化和高附加值化。这些措施和行动表明，通过延长加工产业链和鼓励支持畜产品精深加工企业的发展，可以有效提高畜产品的附加值和市场竞争力，为乡村振兴注入不竭动能，同时也为消费者提供更多高质量的畜产品选择。

五是从流通上加强市场开拓，利用现代信息技术和物流体系，拓宽销售渠道，降低运输成本，提高优质畜产品的市场占有率和价格优势。首先，构建畜产品市场流通体系，巩固和完善畜产品集贸市场管理，同时在畜产品较集中的地区规划建设一批交易市场，带动区域性的养、加、销一体化经营。通过扶持畜牧业大型养殖企业、畜产品加工龙头企业与大型物流园区联合，采取产销直挂、连锁经营、期货贸易、互联网 + 等方式，拓宽畜产品流通渠道。其次，在农产品销售环节中，物流信息技术主要应用于销售管理和营销策划环节，通过建立销售信息系统和电子商务平台，实现对农产品销售的全面监控和管理，提高销售效率和销售额；利用互联网和移动设备，为农产品销售制定个性化的营销策略，提高销售回报率。随着物流技术的不断发展和创新，农产品流通中物流信息技术的应用也将得到不断创新和完善。再次，利用社交媒体和电商平台，除了传统营销方式，现代科技也可以为畜产品的市场营销提供新的思路。可以通过社交媒体平台建立产品官方账号，通过发布文章、图片和视频等内容，增加产品的曝光度，吸引潜在客户，接着通过电商平台进行销售，提供便捷的购买途径，扩大产品的市场份额。最后，充分发挥信息技术在畜产品生产、配送、交换等环节中的重要作用。通过运用信息技术和电子信息装备，更有效、更合理地开发利用各种畜牧业资源，提高畜产品标准化、现代化水平，推动农村经济社会发展。

以上措施的实施，可以有效提高目前畜产品生产各环节中水资源的利用效率，减少水资源浪费，这对于缓解当前全球水资源的紧张形势尤为重要。节水技术的推广和应用不仅能够降低畜牧业的生产成本，还能在一定程度上缓解水资源压力，保护生态环境。这些措施可以有效促进畜牧业的节水化、清洁化、生态化发展，实现畜牧业的可持续发展。

1.2 畜牧业节水相关政策、法规与举措

1.2.1 国家农业节水相关政策、法规以及相关举措

畜牧业作为重要的农业产业之一，不论是家畜的养殖过程，还是养殖必需的草产品的种植过程，对水资源的需求都是必须且巨大的。与此同时，随着社会对环保和可持续发展的重视，畜牧业养殖用水管理与节约得到了更多的关注。近年来，我国政府、企业和社会组织纷纷出台相关政策和措施，鼓励、引导并支持养殖场采取节约水资源的措施对水资源进行有效利用。在积极倡导养殖企业在生产发展的同时，提高水资源利用效率，促进畜牧业的可持续发展，同时减少对环境的负面影响。

2014 年以来，党和政府把农业节水作为方向性、战略性大事来抓，党的十九大报告提出“推进资源全面节约和循环利用，实施国家节水行动”，标志着节水上升为国家意志和全民行动。十年来，习近平总书记始终把农业节水作为一项重要工作放在心头，在各个场合反复强调，同时在农业发展各个阶段接续部署，习近平总书记的系列指示精神为我国农业节水发展提供了根本遵循。

2019 年 4 月，经中央全面深化改革委员会审议，国家发展改革委、水利部联合印发《国家节水行动方案》。该方案是一项旨在提高水资源利用效率、促进节水型生产和生活方式形成的重要政策，目的是通过一系列措施，解决我国水资源短缺问题，推动经济社会可持续发展和生态文明建设。该方案中将总量强度双控、农业节水增效、工业节水减排、城镇节水降损、重点地区节水开源和科技创新引领列为六大重点行动，通过强化指标刚性约束、严格用水全过程管理、强化节水监督考核等措施，提高各领域各行业用水效率，提升全民节水意识，采取包括推广合同节水管理、吸引社会资本投入节水、健全节水标准体系、实行最严格水资源管理制度考核、建立节约用水工作部际协调机制、落实完善节水税收优惠政策、鼓励金融机构加大对节水项目的融资支持力度、发布公民节水行为规范等政策措施。在畜牧业节水方面，该方案提出推广畜牧渔业节水方式：“实施规模养殖场节水改造和建设，推行先进适用的节水型畜禽养殖方式，推广节水型饲喂设备、机械干清粪等技术和工艺。发展节水渔业、牧业，大力推进稻渔综合种养，加强牧区草原节水……到 2022 年，建设一批畜牧节水示范工程。”该方案中还明确了各阶段的具体目标，提出到 2022 年，节水型生产和生活方式初步建立，节水产业初具规模，非常规水利用占比进一步增大，用水效率和效益显著提高，全社会节水意识明显增强。到 2035 年，我国将形成健全的节水政策法规体系和标准体系、完善的市场调节机制、先进的技术支撑体系，节水护水惜水成为全社会自觉行动，全国用水总量控制在 7 000 亿 m^3 以内，水资源节约和循环利用达到世界先进水平。该方案还强调了水资源承载能力刚性约束的重要性，通过实施区域流域用水总量和强度控制，建立监测预警机制以及加强对重点用水户的监督管理等措施，以确保水资源的高效利用。此外，该方案还提出了加强节水教育、强化节水管理、严格考核评估等措施，

以全面提升水资源利用效率和社会节水意识。其通过这些措施和方法的实施推动全社会形成节水的良好风尚，以水资源的可持续利用支撑经济社会持续健康发展。

2023 年 9 月，国家发展改革委、水利部等七部委联合印发《关于进一步加强水资源节约集约利用的意见》。2024 年 3 月，国务院颁布《节约用水条例》，把水资源节约集约利用的要求贯穿于经济社会发展全过程和各领域。该条例是中国首部节约用水的行政法规，是国务院为了缓解当前我国水资源供应紧张的严峻形势，总结了党的十八大以来节水工作的丰富实践，将行之有效的经验做法转化为制度规范，全面系统规范和促进节水活动，保障国家水安全、推进生态文明建设、推动高质量发展而制定的条例。该条例于 2024 年 5 月 1 日起施行，通过坚持问题导向、完善节水制度、细化节水措施和强化监督执行来推动节水工作的实施。坚持问题导向即针对节水工作中存在的突出问题和薄弱环节，对用水、节水和管理的各个方面和各个环节都作出明确具体的规定；完善节水制度；明确提出要坚持总量控制、科学配置、高效利用，建立政府主导、各方协同、市场调节、公众参与的节水机制；细化节水措施即将行之有效的经验做法转化为制度规范，围绕农业节水增效、工业节水减排、城镇节水降损和促进非常规水利用，提出了一系列有针对性的节水措施；强化监督执行即明确县级以上人民政府要加强对节水工作的组织领导、统筹研究和协调解决节水工作中的重大问题，并将节水目标完成情况纳入对地方人民政府和有关负责人的考核范围。有关农业节水方面，该条例第二十四条规定："国家支持耐旱农作物新品种以及土壤保墒、水肥一体化、养殖废水资源化利用等种植业、养殖业节水技术的研究和推广。县级以上人民政府及其有关部门应当组织开展节水农业试验示范和技术培训，指导农业生产经营主体使用节水技术。"此外，该条例还规定了将节水设施建设投资纳入建设项目总投资，逐步淘汰落后的、耗水量高的技术、工艺、设备和产品，建立健全节水标准体系，以及建立节水统计调查制度等内容。这些规定旨在通过法律和行政手段，推动全社会形成节约用水的共识。

与此同时，为了推进农业节水工作的具体落实，国务院办公厅和相关部委先后印发了《关于推进农业水价综合改革的意见》《全国大中型灌区续建配套节水改造实施方案（2016—2020 年）》《关于深入推进农业水价综合改革的通知》《"十四五"重大农业节水供水工程实施方案》。上述举措加快了灌区续建配套节水改造和喷微灌及水肥一体化等高效节水技术的推广应用，强化了农业节水的科技支撑，创新了农业节水体制机制，加强了农业用水的精细化、智能化管理，促进了农业用水方式的变革，全面提升了农业用水效率，为保障国家食物安全和农产品有效供给、国家水安全作出了重要贡献。

1.2.2　天津市农业节水相关政策、法规以及相关举措

天津市地处海河流域下游，虽河网密布，但因上游经济社会发展和气候变化，天津市入境水量不断减少，天津市也逐渐成为资源型缺水城市。九河下梢的天津市，因水而生，也曾因水而困。随着引滦、引江水涓涓汇入，互联互通的双水源保障格局破解了天津市的水源

危机，打通了城市供水的“生命线”。党的十八大以来，“节水优先、空间均衡、系统治理、两手发力”的治水思路从观念、意识、措施等方面将节水放在优先位置，为新时代节水工作提供了根本遵循和行动指南。天津市全面贯彻“以水定城、以水定地、以水定人、以水定产”原则，强化水资源刚性约束，优化产业结构转型升级，建立了“政府调控、公众参与，规划引领、市场引导，法律保障、科技支撑”的节约用水机制，积极推动节水型社会建设进程，为建设高质量发展、高水平改革开放、高效能治理、高品质生活的社会主义现代化大都市提供坚实的水安全保障。

缺水，曾一度成为制约天津市发展的瓶颈，其年人均水资源占有量仅 100 m^3，为全国平均水平的 1/20。天津市在节约用水方面采取了多种措施，旨在提高水资源利用效率，减少水资源浪费，并促进社会可持续发展，如通过举办各种形式的节水宣传活动（如“世界水日”和“中国水周”）以及节水宣传周活动（如发放宣传资料、清理社区景观池、举办节水知识讲座等），来提高公众的节水意识和参与度，共同构建节水型社会。自 2021 年 7 月起，天津市针对宾馆、酒店、展览场馆等会务承办单位以及机关事业单位和瓶装水企业实施了节水光瓶行动。通过制定不同行业的管理措施，如减少瓶装饮用水的使用、推广自带水、提供小瓶装饮用水等，以及加强督导检查，以促进节约用水社会风尚的形成。天津市通过线上线下相结合的方式开展节水宣传工作，推动节水型社会建设。通过实施严格的计划用水管理措施和加强重点用水单位的监控，持续扩大节水宣传覆盖面，以提高水资源节约集约利用水平。天津节水科技馆通过与学校合作，开展节水课堂和研学活动，向学生普及水资源知识和节约用水的意义，通过共建协议、授予节水教育社会实践基地牌匾等方式，加强学生对水资源的认识和对节水的重视。天津市旨在通过这些措施和活动，提高公众的节水意识，促进水资源的可持续利用，为经济社会的高质量发展提供水资源保障。

近年来，天津市高度重视水环境保护、水资源保障、水灾害治理、水生态修复等工作，陆续建成了南水北调中线及配套、海河口泵站等一批重大水务基础设施，逐步建立了河（湖）长制等一系列治水、管水、兴水的良性体制机制，天津市全市水安全保障水平稳步提升，人民群众获得感、幸福感、安全感不断增强。天津市积极落实最严格水资源管理制度，坚持“节水优先”的原则，大力挖掘节水潜力，全面推进节水行动各项工作。城镇生活和工业节水不断深入，对居民用水实行阶梯水价，洗浴、高尔夫、滑雪等高耗水行业用水实行特业水价，推进水资源税费和农业水价综合改革，先后出台了《天津市水资源税征收管理办法（试行）》《天津市水资源税改革试点实施办法》等相关管理规定，初步建立天津市农业水价形成机制、成本核定、定额管理和超限额累进加价制度，同时完成了宝坻区大钟庄镇等灌区节水配套改造工程建设，有力促进了农业节水；不断推动节水型企业（单位）和居民小区建设，其覆盖率分别达到 51.14% 和 41.76%，创建完成了 13 个节水型系统（行业），全社会节水意识显著增强。天津市继续保持南水北调东中线节水型社会示范区和全国节水型城市两个荣誉称号，已有 9 个区完成县域节水型社会达标建设；重点修订或出台了《天津市节约用水条例》《天津市取水许可管理规定》《天津市二次供水管理规定》《天津市二次供水工程技术规程》《天津市村镇供水工程维修养护项目建设及市财政补助资金暂行管理办法》《天津市二次供水设施清洗消毒管理规定》《天津市再生水利用管理办法》等 29 部法规；编制了供水、排水、再生水利用、淡化海水利用等一系列专业规划，进一步丰富完善水安全保障规划体系；不断深化“放管服”“一制三化”审批制度改革，基本建立建设项目联合审批制度，稳步提升工程建设质量，在国家水利建设质量考核中被评为 A 级；建立河道、水闸、泵站等设施轨迹化巡查系统，九宣闸等达到市级水管单位标准；初步构建大数据中心架构体系，建设基于“一张网、一张图、一个中心、一个门户”的水务业务综合管理平台。

在此背景下，《天津市水安全保障“十四五”规划》（以下简称《规划》）于 2021 年 6 月正式出台，《规划》汇集并涵盖了水务、生态环境、农业农村、发展改革、工业和信息化、规划资源、住房城乡建设、应急、卫生健康等多部门的涉水职责和任务，纳入了 16 个区主要水安全保障项目。《规划》以水安全保障为总体目标，积极转变治水思路，准确把握形势要求，统筹水资源短缺、水环境污染、水生态退化、水灾害损失等新老水问题，重点突出工程补短板、行业强监管、改革促发展，全力打造供水、防汛、水生态、水治理保障体系，为加快实现“一基地三区”功能定位、全面建设社会主义现代化大都市提供有力支撑。《规划》指出，今后 5 年水安全保障努力实现 4 个目标：供水安全保障能力持续增强；防汛安全保障效能不断提升；水生态环境质量稳步改善；水治理能力持续提高。

为实现以上目标，《规划》进一步提出以下几点。第一，实施北大港水库扩建工程以增加京津冀战略储备及应急供水水源，提高天津市供水安全保障能力。该水库现状库容 4 亿 m^3，规划总库容 10.75 亿 m^3，其中死库容 2.05 亿 m^3，调蓄库容 3.5 亿 m^3，应急备用库容 4.0 亿 m^3，农业和生态库容 1.2 亿 m^3。主要工程内容包括新建围坝轴线长 53.2 km，新建或改造入库泵站、退水闸等建筑物 5 座，新建导流堤 5.8 km 等。第二，马厂减河、马圈引河是东线二期来水入北大港水库的输水河道，采用清淤扩挖、防护、堤防加高等措施进行治理，其中洋闸附近采取东侧绕洋闸新挖河道输水方案。治理后河道总长 36.5 km，其中马厂减河 31.2 km、绕洋闸新挖河道 0.2 km、马圈引河 5.1 km。为减少东线输水影响，需新建马厂减河耳河倒虹吸、马厂减河排水泵站；结合绕洋闸新挖河道方案移址重建赵连庄闸；整合沿线现有 28 座穿堤建筑物，并对 20 座已废弃涵管拆除复堤。第三，实施滨海新区原水工程，大港地区重点建设南水北调中线大港支线，自生产圈泵站枢纽一期工程起至长深高速公路 17.7 km，与现有入大港 DN1800 管线连接，规模 30 万 t/ 日；尔王庄水库至宝坻石化管道联络线 8.5 km，规模 8 万 t/ 日，同时尽快实施宝坻石化与引滦入塘连通工程、大港支线与引滦各管线连通工程，保障大港地区供水安全。滨海新区核心区新建北塘水库至滨海新区水厂原水管线 0.3 km，规模 13.5 万 t/ 日；北塘水库至新河水厂原水管线 12 km，规模 10 万 t/ 日，保障核心区供水安全。第四，优化整合大港地区供水布局，新建大港水厂，设计规模 30 万 t/ 日；重建油田滨海水厂，设计规模 8 万 t/ 日，彻底解决大港地区供水安全问题。扩建新河水厂至 33 万 t/ 日，提升改造滨海新区水厂，供水能力维持 13.5 万 t/ 日，至 2025 年，滨海新区水厂供水能力达到 137 万 t/ 日，提升滨海新区核心区及西部区供水保障能力。第五，完善核心区水厂以下主干管网，主要建设海滨大道主干管一期工程 3.2 km、西中环主干管网 11.2 km、东疆港二水源工程 11 km、临港经济区北部区域二水源工程 5.5 km，新建管线总长度 30.9 km，保证各功能区新增用水需求。第六，淡化海水是“滨城”工业生产重要水源和城市供水补充水源。天津市现有北疆、大港、新泉 3 座海水淡化厂，总规模 30.6 万 t/ 日，2019 年利用淡化海水 4 700 万 m^3。“十四五”时期，坚持以需定产，以消化现有淡化海水产能为重点，以现代产业需求为导向，积极推动淡化海水工程，拓展“滨城”现代产业发展空间。到 2025 年，海水淡化规模达到 50 万 t/ 日以上，淡化海水利用量达到 1 亿 m^3 左右。第七，“十四五”时期，结合滨海新区各功能区开发建设情况，采取“消、挡、导、蓄、排”不同组合的综合治理工程措施，适时开展围海造陆区域的新海堤建设，保障“滨城”防潮汛安全。除永定新河口、海河口段海堤加固工程建设外，还重点实施南港工业区南防潮堤 4.3 km 防潮堤建设，以及在中新天津生态城北堤防潮工程建设滨海体验型生态海堤 3 km，同时开展临港工业区北区生态护岸修复研究工作。

《天津市节约用水条例》规定了节约用水的具体措施和管理要求，目的是提高水资源利用效率，减少水资源浪费。该条例自 2002 年 12 月 19 日天津市第十三届人民代表大会常务委员会第三十七次会议通过，根据 2005 年 3 月 24 日天津市第十四届人民代表大会常务委员会第十九次会议关于修改《天津市节约用水条例》的决定第一次修正，根据 2012 年 5 月 9 日天津市第十五届人民代表大会常务委员会第三十二次会议《关于修改部分地方性法规的决定》第二次修正，根据 2018 年 12 月 14 日天津市第十七届人民代表大会常务委员会第七次会议《关于修改〈天津市植物保护条例〉等三十二部地方性法规的决定》第三次修正，根据 2019 年 7 月 31 日天津市第十七届人民代表大会常务委员会第十二次会议关于修改《天津市节约用水条例》的决定第四次修正，根据 2021 年 7 月 30 日天津市第十七届人民代表大会常务委员会第二十八次会议《关于修改〈天津市节约用水条例〉等三部地方性法规的决定》第五次修正。

《天津市节约用水条例》通过法律手段拧紧节水“水龙头”，促进开源节流，增加细化了节约用水的各项措施。该条例由天津市人民代表大会常务委员会制定，自 2021 年 7 月 30 日起施行。该条例内容涵盖了城镇园林绿化用水效率的提升、水资源短缺地区节水耐旱型植被的选用、节水灌溉方式的推广、非常规水资源的利用、污水资源化利用基础设施的建设、海绵城市建设的推进以及海水资源的开发利用等方面。在城镇园林绿化方面，该条例强调提高用水效率，优先选用适合本地区的节水耐旱型植被，并采用喷灌、微灌等节水灌溉方式；同时，严格控制人造河湖等景观用水，避免水资源的不必要浪费。对于非常规水资源，该条例提出将再生水、集蓄雨水、海水及海水淡化水、矿坑（井）水、微咸水等纳入水资源统一配置，提高非常规水利用比例。对于具备使用非常规水条件但未合理使用的建设项目，不得批准其新增取水许可。在污水资源化利用方面，该条例要求城市绿化、道路清扫、车辆冲洗、建筑施工以及生态景观等用水应优先使用符合标准要求的再生水，以提高水资源利用效率。对于沿海地区，该条例鼓励积极开发利用海水资源，新建、改建、扩建工业企业项目应优先使用海水淡化水，可以并将海水淡化水作为市政新增供水以及应急备用水源。此外，该条例还强调了金融服务在节水方面的支持，鼓励金融机构提供多种形式的节水金融服务，引导金融机构加大对节水项目的融资支持力度；同时，鼓励和引导社会资本参与节水项目建设和运营，保护其合法权益，共同推动节水服务产业的发展。天津市旨在通过这些措施，提高水资源利用效率，促进社会可持续发展。

1.3　天津市水资源与畜牧业概况

1.3.1　天津市水资源概况

天津市地处海河流域下游，素有“九河下梢”之称，承担着海河流域 75% 的洪水宣泄任务。海河流域内各水系呈扇形分布，从北、西、南三面向天津市汇集，防洪压力很大。按流域水系划分，北部的蓟运河、潮白河、北运河和永定河北四河水系，汇集到永定新河入海；南部的大清河、子牙河、南运河水系，通过独流减河、子牙新河、漳卫新河（河北省境内）入海，中间的海河干流相继分泄南北两大水系的部分洪水。由于天津市地势低洼，除蓟州山区外，城乡沥涝水多数靠泵站扬水排入行洪河道。

天津属温带季风气候，平均年降水量 575 mm。降水年内分配不均，年降水量的 80% 以上集中在汛期（6—9 月），且主要集中在 7 月下旬至 8 月上旬，非汛期 8 个月的降水量仅占全年降水量的 20% 左右。降水地区分布也不均匀，山区大于平原，北部大于南部。降水量年际变化大，新中国成立以来，1964 年年均降水量最高，达 948.3 mm，1968 年最低，仅 268.5 mm。

天津市多年平均地表水资源量为 10.65 亿 m^3，地下水资源量为 5.9 亿 m^3，扣除重复计算，全市水资源总量为 15.69 亿 m^3，按 2019 年常住人口计算，人均占有量仅为 100 m^3，约是全国人均占有量的 1/20，远低于世界公认的人均 1 000 m^3 的缺水警戒线，属资源型缺水地区。

2020 年，天津市各类水源供水总量 27.82 亿 m^3，其中外调水 11.09 亿 m^3，地表水及入境水 8.14 亿 m^3，地下水 3.01 亿 m^3，再生水 5.16 亿 m^3，淡化海水 0.42 亿 m^3。天津市全市万元国内生产总值用水量 19.75 m^3、万元工业增加值用水量 10.7 m^3。农田灌溉水有效利用系数为 0.72；建有塘坝 258 座、农用机电井 2.25 万眼、固定机电排灌站点 1 531 座。天津市现有国有扬水站 289 座；有效灌溉面积 29.37 万 km^2（1 km^2=0.01 km^2），节水灌溉面积 25.81 万 km^2（其中低压管道灌溉面积 18.61 万 km^2，防渗渠道灌溉面积 6.44 万 km^2，喷灌面积 5.42 km^2，微灌面积 2.09 km^2），除涝面积 36.46 万 km^2；建有防渗渠道 2 507 km、低压管道 13 442 km，微喷灌面积 6 070 km^2。

1.3.2　天津市畜牧业概况

天津市畜牧业是农业产业重要组成部分，饲养的主要畜种包括生猪、奶牛、肉牛、肉羊、蛋鸡和肉鸡，养殖主要分布区域为蓟州区、宝坻区、武清区、宁河区、静海区和滨海新区，年产值约占天津市农林牧渔业总产值的三分之一。相关数据见表 1-1 至表 1-3。2022 年，天津市畜牧业总产值达到 145.47 亿元，为历史最高。2022 年，生猪出栏 200.52 万头、牛出栏 15.67 万头、羊出栏 41.32 万只、鸡出栏 5 151.90 万只。2022 年，猪肉产量 16.69 万 t、牛肉产量 2.92 万 t、羊肉产量 1.04 万 t、鸡肉产量 8.08 万 t、鸡蛋产量 20.12 万 t、牛奶产量 51.14 万 t。

近年来，天津市畜牧业迅速发展，具有养殖规模化率高、设施化程度高、畜禽粪污资源化利用水平高等都市型畜牧业发展特色与优势。一是规模化率较高，2022 年天津市主要 6 大畜种平均规模化率达到 83.3%，全国平均水平为 71.5%。《全国现代设施农业建设规划（2023—2030 年）》提出 2030 年畜禽养殖规模化率达到 83%。二是设施化程度较高，如生猪标准化栏舍、自动饲喂，蛋鸡、肉鸡叠层立体笼养，奶牛自动挤奶、全混合日粮（TMR）饲喂等先进工艺已基本普及；畜禽舍自动环境监控、生猪奶牛数字化养殖、肉牛肉羊设施化工厂养殖等新一代工艺正在推广普及；楼房立体养殖工艺处于应用阶段。其中，“建设以高效集约为主的现代设施畜牧业”发展目标已部分实现。三是畜禽粪污资源化利用水平较高，目前天津市已完成全部 2 921 家规模养殖场和 11 459 家规模养殖场粪污处理工程设施建设，配备了自动清粪、固液分离、厌氧发酵、粪肥还田、污水处理等粪污处理设施设备，规模养殖粪污处理设施配套率 100%、规模养殖粪污处理设施配套率 99% 以上。畜禽粪污综合利用率达到了 90% 以上，处于全国前列。

表 1-1　2020—2022 年天津市畜牧业产值及占比

年份		2020 年	2021 年	2022 年
天津市畜牧业产值 / 亿元		145.47	142.48	147.23
天津市农林牧渔	产值 / 亿元	476.44	509.26	521.44
	占比 /%	30.53	27.98	28.24
全国畜牧业	产值 / 亿元	40 266.67	39 910.83	40 652.94
	占比 /%	0.36	0.36	0.36

表 1-2　2022 年天津市不同畜产品产值及占比

种类	生猪	牛	牛奶	禽蛋	肉鸡	肉羊	其他
产值 / 亿元	50.48	25.95	22.94	19.33	12.57	6.24	9.72
占比	34.29%	17.63%	15.58%	13.13%	8.54%	4.24%	6.59%

表 1-3　天津市畜禽养殖区域分布情况

区域	蓟州区	宝坻区	武清区	宁河区	静海区	滨海新区	环城四区（东丽区、津南区、西青区、北辰区）
生猪	19.65%	11.52%	11.87%	27.41%	12.27%	14.90%	2.38%
奶牛	1.08%	12.74%	36.60%	9.06%	9.23%	26.42%	4.87%
肉牛	35.93%	21.90%	13.92%	10.36%	8.92%	3.12%	5.85%
羊	28.08%	15.71%	18.24%	5.53%	15.09%	8.49%	8.86%
蛋鸡	21.05%	29.31%	11.88%	8.88%	6.45%	13.05%	9.38%
肉鸡	5.39%	25.75%	3.52%	37.23%	21.23%	6.88%	0.00%

注：根据 2023 年 9 月份统计局数据整理。

1.3.2.1　生猪生产情况

饲养品种：以长白猪、大白猪、杜洛克外三元为主，占据生猪保有量的 99% 以上。

生产模式：自繁自养，生产“杜 × 长 × 大”或“杜 × 大 × 长”三元杂交商品猪。

生产参数：后备能繁母猪一般 8 月龄配种，孕期平均 113 天；能繁母猪平均年产 2 窝，年提供断奶仔猪数 19 头，高于全国平均水平（17 头）；商品猪育肥期 5.5~6.5 个月，平均出栏体重约 130 kg，饲料转化率 2.6 : 1~2.8 : 1。

生产现状：天津市全市生猪规模场数 1 388 个，散养户约 5 620 户，规模化率为 84.34%，明显高于 65.1% 的全国水平。

截至 2023 年 9 月底，天津市全市生猪存栏 138.95 万头，同比减少 9.4%，能繁母猪存栏 17.27 万头，同比减少 9.2%；生猪累计出栏 157.59 万头，同比增加 10.5%；猪肉产量为 13.34 万吨，同比增加 13.5%。平均存栏约占全国的 0.31%，出栏量约占全国的 0.35%。天津市设计出栏规模 50 000 头以上的猪场见表 1-4。

表 1-4　天津市设计出栏规模 50 000 头以上的猪场　　单位：头

养殖场名称	存栏规模	年出栏规模	地址
新六农牧科技有限公司	216 000	432 000	滨海新区
新希望六和农牧科技有限公司	13 500	260 000	滨海新区
中粮家佳康农牧公司东南仁垺猪场	55 000	93 500	宝坻区
中粮家佳康农牧有限公司小王辛猪场	50 000	85 000	宝坻区
农垦康嘉生态养殖公司第五分公司	7 500	175 950	滨海新区
农垦康嘉生态养殖公司第六分公司	30 000	60 000	滨海新区
温氏畜牧有限公司	12 000	110 000	宁河区
恒泰牧业有限公司	50 000	85 000	宝坻区
宁河原种猪场有限责任公司	47 700	65 000	宁河区

1.3.2.2　奶牛生产情况

饲养品种:中国荷斯坦牛、荷斯坦牛。

生产模式:采用进口或国产冷冻精液自繁自养。

生产参数:后备牛 13 月龄配种,孕期平均 10 个月,多数产犊 1 胎;泌乳期 305 天,年均单产 9.98 t,远高于全国平均水平(9.2 t)。

生产现状:天津市全市奶牛规模场数 62 个,散养户 948 户,规模化率为 99.9%。

截至 2023 年 9 月底,天津市全市正常运行的奶牛场 59 家,奶牛总存栏 10.60 万头,成母牛存栏 4.71 万头。天津市设计存栏规模 5 000 头以上的牧场见表 1-5。

表 1-5　天津市设计存栏规模 5 000 头以上的牧场　　单位:头

养殖场名称	设计存栏	地址
富优农业科技有限公司	8 000	滨海新区
优源牧业有限公司	8 000	滨海新区
天食智慧牧业有限公司	5 000	宝坻区
嘉立荷牧业集团有限公司第一奶牛场分公司	5 000	宝坻区

1.3.2.3　肉牛生产情况

饲养品种:中国西门塔尔、西门塔尔、海福特、安格斯牛等。

生产模式:以引进架子牛育肥为主,约占全群的 70%;采用进口或国产冷冻精液自繁自养约占 30%。

生产参数:架子牛引进体重为 200~600 kg/ 头,饲养 3~12 个月出栏;自繁自养饲养 18 个月左右出栏,出栏体重达到 750~900 kg/ 头。

生产现状:天津市全市肉牛规模场数 278 个,散养户 948 户,规模化率为 66.12%。

截至 2023 年 9 月底,天津市全市肉牛存栏 19.79 万头,出栏 12.58 万头,存栏约占全国的 0.3%。天津市设计存栏规模 2 000 头以上的肉牛场见表 1-6。

表 1-6　天津市设计存栏规模 2 000 头以上的肉牛场　　单位:头

养殖场名称	设计存栏	地址
百晟源畜禽养殖有限公司	3 500	蓟州区
福源鼎盛肉牛养殖有限公司	2 000	蓟州区
绿盛源肉牛有限公司	2 500	宝坻区

1.3.2.4　肉羊生产情况

饲养品种:澳洲白羊、杜泊羊、湖羊、萨福克羊、夏洛莱羊、小尾寒羊、波尔山羊等,商品羊生以杂种羊为主。

生产模式:自繁自养。

生产参数：饲养期一般 10~12 个月，体重约为 50 kg/ 头。

生产现状：天津市全市肉羊规模场数 44 个，散养户 1078 户，规模化率为 53.84%。

截至 2023 年 9 月底，天津市全市肉羊存栏 53.34 万只，出栏 34.26 万只，存栏约占全国的 0.14%。天津市设计存栏规模 10 000 只以上的肉羊场见表 1-7。

表 1-7　天津市设计存栏规模 10 000 只以上的肉羊场　　单位：只

养殖场名称	设计存栏	地址
奥群牧业有限公司	30 000	滨海新区
腾源牧业有限公司	50 000	滨海新区

1.3.2.5　蛋鸡生产情况

饲养品种：国产品种中京白、京粉蛋鸡，引进品种海兰蛋鸡。

生产模式：以育雏 + 产蛋模式为主，青年鸡 + 产蛋模式为辅。

生产参数：105~120 日龄见蛋，达 5% 开产约 140 日龄，90% 以上产蛋高峰期维持在 6 个月以上，约 500 日龄淘汰，平均产蛋 280~320 枚，20 kg 左右。京粉料蛋比全程 2.1：1~2.2：1；京白全程 2.0：1~2.1：1，产蛋期 1.8：1~1.9：1。

生产现状：天津市全市蛋鸡规模场数 324 个，散养户 541 户，规模化率为 84.34%。

截至 2023 年 9 月底，天津市全市存栏蛋鸡 1 556.75 万只，产蛋 17.13 万 t，存栏量约占全国的 0.32%，禽蛋产量约占全国的 0.56%。天津市设计存栏规模 30 万只以上的蛋鸡场见表 1-8。

表 1-8　天津市设计存栏规模 30 万只以上的蛋鸡场　　单位：万只

养殖场名称	设计存栏	地址
天津市广源蛋鸡场一期	100	宝坻区
天津市广源蛋鸡场二期	100	宝坻区
天津市佳禾蛋鸡养殖有限公司	50	武清区
天津市农达康养鸡专业合作社	30	武清区

1.3.2.6　肉鸡生产情况

饲养品种：主要为白羽肉鸡，少量肉杂鸡 817。

生产模式：市场销售模式，公司收购模式。

生产参数：白羽肉鸡平均 42 天出栏，平均出栏重 2.75 kg/ 只，料肉比 1.4：1~1.6：1；肉杂鸡 817 一般 47~48 天出栏，出栏体重 1.7~1.8 kg/ 只，料肉比 1.8：1~2：1。

生产现状：天津市全市肉鸡规模场数 312 个，散养户 73 户，规模化率为 99.4%。

截至 2023 年 9 月底，天津市全市肉鸡存栏 761.28 万只，出栏 4 118.67 万只，同比增长分别为 14.2% 和 11.8%。天津市设计出栏规模 100 万只以上的肉鸡场见表 1-9。

表 1-9　天津市设计出栏规模 100 万只以上的肉鸡场　　单位：万只

养殖场名称	设计存栏	地址
瑞康源家禽养殖专业合作社	80	滨海新区
宏旺畜禽养殖专业合作社	50	宁河区
卓冠畜牧养殖专业合作社	40	宝坻区
沃德畜牧养殖专业合作社	35	静海区
利新肉鸡养殖场	30	宁河区
维贺肉鸡养殖场	20	宁河区
福康家禽养殖专业合作社	20	静海区

1.4　畜牧业节水技术标准化建设

畜牧业标准化是现代畜牧业建设的重要技术支撑，发展节水型标准化规模养殖，优化畜牧产业，改造现有规模化养殖场，同样是当前“节水优先”前提下提升生产水平和效益的重要保证。制定和推广一系列节水技术标准，可以减少水资源的使用量，提高水资源利用效率，达到节约水资源、保护环境、提高生产效益的目的。开展畜牧业节水技术标准化建设，首先要盘活存量，重点改造畜禽场节水及饲养设施设备、建设畜禽场高效集雨设施与雨污分离设施，进而推广畜禽养殖场高效节水技术，在规模化畜禽养殖场实现节水、循环、健康养殖；其次要引导未达到规模生产、不符合相关发展规划的散户养殖有序退出，逐步消除“小散乱差”养殖业态。同时，推广应用蛋鸡舍内 LED（发光二极管）冷阴极荧光智能光照技术、微生物喷雾除臭技术、畜禽舍节能型智能化环境调控技术，通过龙头企业、专业合作社带动、吸纳养殖专业户的模式，引导养殖专业户实现标准化规模养殖，形成“公司 + 合作社 + 农户”的产业化生产经营体系。

目前，已有不同类型的畜牧业节水的相关行业标准、团体标准、地方标准发布实施，包括饮水管理、饮水设施设计、粪污处理、畜禽舍环境控制、饲草种植等方面的具体要求和操作规程等。

一是饮水管理技术标准。相关技术标准有 JB/T 7720—2022《养鸡设备 乳头式饮水器》、JB/T 7718—2007《养鸡设备 杯式饮水器》、JB/T 9785—2017《养猪用自动饮水器》等。通过推广节水型自动化饮水设施设备，如鸭嘴或乳头式饮水器、碗式饮水器等，加强饮水系统的日常管理，避免因设备老化造成跑冒滴漏现象，并根据畜群饲养密度合理控制水压，以减少水资源浪费。

二是饮水设施设计技术标准。相关技术标准有 T/NJ 1249—2020《畜禽养殖饮水管线杀菌清洗机》、DB44/T 1522—2015《养猪设备 干湿料槽》等。在规模化猪场、羊场和牛场推广液位控制饮水器或碗式饮水器，确保饮水设施的设计符合节水原则，以减少不必要的浪费。

三是粪污处理技术标准。相关技术标准有 JB/T 7725—2007《养鸡设备 牵引式刮板清粪机》、JB/T 14281—2022《养鸡设备 带式清粪机》、DB12/T 785—2018《奶牛舍机械刮板清粪》、DB12/T 897—2019《奶牛舍刮粪板技术要求》、NY/T 3048—2016《发酵床养猪技术规程》、DB62/T 2270—2012《发酵床生态猪舍建设技术规程》、DB12/T 1290—2023《规模化奶牛场奶厅废水处理与安全回用技术规范》、T/CIPR 119—2023《猪舍废水循环处理设备技术条件》、DB36/T 913—2016《高床节水育肥猪舍设计技术规程》、NY/T 4046—2021《畜禽粪水还田技术规程》、DB50/T 1317—2022《牛粪堆肥发酵技术规范》、DB23/T 2020—2553《规模化奶牛场粪便密闭好氧发酵生产垫料技术规程》、DB12/T 896—2019《奶牛舍粪水储运设施技术要求》、DB32/T 2604—2013《养猪场雨污、粪尿分离技术规程》等。采用干清粪或尿泡粪工艺，将产生的粪污固液分离后分别进行处理；使用密闭式氧化发酵工艺降低水分蒸发，经处理后的污水可循环利用，如作为挤奶大厅冲洗用水，实现水资源的再利用。

四是畜禽舍环境控制技术标准。相关标准有 NY/T 2133—2012《温室湿帘—风机降温系统设计规范》、DB13/T 2871—2018《规模化蛋鸡舍环境质量自动监测技术规范》、DB36/T 1695—2022《蛋鸡舍环境控制技术规程》、DG/T 311—2024《养殖场圈舍环境控制系统》。通过合理措施降低圈舍温度，如植树绿化、合理设计采光和通风、使用隔热性能好的建筑材料等，减少因降温所需的用水量。采用“风扇 + 湿帘”的方式进行降温，推广应用自动控制设备，并根据环境温湿度情况自动进行喷雾降温以达到节约用水的目的。

五是饲草种植技术标准。相关标准有 DB13/T 5670—2023《小麦玉米一年两熟农田浅埋滴灌技术规程》、DB14/T 2885—2023《饲用大豆滴灌水肥一体化栽培技术规程》、DB15/T 3187—2023《苜蓿间作桑根草浅埋滴灌栽培技术规程》、DB64/T 1597—2019《苜蓿地下滴灌技术规程》、DB15/T 1091—2017《膜下滴灌青贮玉米栽培技术规程》等。在饲草品种选择方面，选择节水型饲草作物品种进行种植，如燕麦；同时养殖企业大力推广玉米和苜蓿青贮，以减少水分流失。在饲草种植技术方面，大力推广膜下浅埋滴灌等节水型种植技术，降低生物水流失。

综上所述，畜牧业节水技术通过改进饮水管理、优化饮水设施设计、完善粪污处理、提升畜禽舍环境控制、改良饲草种植等，有效减少畜牧业对水资源的使用，提高水资源利用效率，对于促进畜牧业的可持续发展具有重要意义。与此同时，现仍缺乏适合不同区域、不同土壤、不同作物的高效节水灌溉和农艺技术有机融合的规范化、标准化技术体系，特别是为农户提供“套餐式”服务的高效节水综合技术集成模式。

参考文献

[1] 颜志辉，郑怀国，赵静娟，等. 浅谈畜牧业节水措施的研究进展 [J]. 中国畜牧杂志，2015，51(20)：31-34.

[2] 杨文斌,段玉玺,白新蓉.从水资源利用现状谈节水灌溉技术的重要性 [J].内蒙古林业科技,2000(1):3-5,16.

[3] MEKONNEN M M,HOEKSTRA A Y. A Global assessment of the waterfootprint of farm animal products[J]. Ecosystems,2012,15(3):401-415.

[4] STEINFELD H, GERBER P, WASSENAAR T, et al. Livestock's long shadow: environmental issues and options[M]. Rome: Food and Agriculture Organization of the United Nations,2006.

[5] HOEKSTRA A Y, CHAPAGAIN A K. Water footprints of nations: water use by people as a function of their consumption pattern[J]. Water resources manage, 2007, 21(1): 35-48.

[6] ALLEN V G, BAKER M T, SEGARRA E, et al. Integrated irrigated crop-livestock systems in dry climates[J]. Agronomy journal, 2007, 99(2):346-360.

[7] 刘家强,涂云凰,刘正伟.干式发酵床在养鸡业中的应用 [J].畜牧与饲料科学,2012,33(4):46.

[8] 莫琼才.奶牛场污水处理和循环利用模式研究 [J].家畜生态学报,2010,31(6):67-69.

[9] 刘振邦.种草养牛是缓解粮食压力的现代农业之路 [J].贵州财经学院学报,2008(6):1-4.

[10] 孙惠民,程满金,郑大玮,等.北方半干旱集雨补灌旱作区节水农业发展模式 [J].应用生态学报,2005(6):1072-1076.

[11] GAREN E J, SALTONSTALL K, ASHTON M S, et al. The tree planting and protecting culture of cattle ranchers and small-scale agricultural lists in rural Panama: opportunities for reforestation and land restoration[J]. Forest ecology and management, 2011, 261(10):1684-1695.

[12] 晓青.新型节水养猪专利技术问世 [J].农业工程,2012,2(4):46.

[13] 孙景生,康绍忠.我国水资源利用现状与节水灌溉发展对策 [J].农业工程学报,2000(2):1-5.

[14] 康绍忠.中国农业节水十年:成就、挑战及对策 [J].中国水利,2024(10):1-9.

[15] 张敏.浅谈如何发展高效节水的北京畜牧业 [J].农业与技术,2015,35(6):166.

[16] 贾大林,孟兆江,王和洲.农业高效用水及农艺节水技术 [J].节水灌溉,1999(4):7-10.

[17] 耿思敏,刘定湘,夏朋.从国内外对比分析看我国用水效率水平 [J].水利发展研究,2022,22(8):77-82.

[18] 王音.做好节水文章 用好每一滴水 [N].天津日报,2023-09-26(4).

第 2 章　畜牧业节水技术方法

2.1　畜禽生产养殖环节节水技术

2.1.1　饮水环节节水技术

2.1.1.1　高效饮水技术

在畜禽养殖中，水是维持动物生命、促进其生长发育、提高其生产性能的关键因素之一。水分占动物组织成分的 55%~60%，高效、科学的饮水技术不仅能够保障畜禽的健康生长，还能明显提高畜禽养殖的生产效益。畜禽高效饮水技术主要包括设施选择、水源管理、水质消毒与净化、系统维护以及科学管理等方面。

1)设施选择

选择合适的饮水器具是提高畜禽饮水效率的第一步。在当前市场上，饮水器具种类繁多，包括自流式、水管式、普通式、乳头式等，选择时需根据饲养场的规模、畜禽种类及存栏量等因素进行综合考虑。自流式饮水器适用于规模较小、畜禽数量较少的饲养场，其优点是结构简单、维护方便，但要保证水源充足，避免因缺水而影响畜禽饮水。水管式饮水系统适用于规模较大的饲养场，此系统能自动供水，便于管理，并能保证水源充足，但要定期检查水管是否有跑冒滴漏情况，还要及时清理水管内的杂物。乳头式饮水器广泛应用在蛋鸡、肉鸡等规模养殖上，其优点是节水卫生，能显著降低工人的工作强度，但要注意水压，并随时调整饮水器的高度和出水量，以适应不同日龄的畜禽。

2)水源管理

优质的水源是保障畜禽饮水安全的前提。在选择水源时，应优先考虑自来水或深井水等清洁水源，避免使用含有病原体、杂质较多的自然水源。自来水的优点是水质相对稳定，其经过处理后符合饮用水标准，是理想的畜禽饮水水源。深井水的优点是水质清洁度高，受污染机会少，但需定期检测水质，确保其符合饮用标准。使用自然水源的饲养场应采取有效措施净化水源，以确保水质安全。

3)水质消毒与净化

畜禽饮用水中的杂质、病原体等有害物质会直接影响畜禽的健康和生产性能，因此必须采取有效措施净化水质，并定期进行消毒。净化水质的方法包括物理净化、化学净化和生物净化等。物理净化包括过滤、沉淀等方法。过滤法即通过滤网、过滤器等物理工具去除水中的悬浮物、杂质和微生物；沉淀法则利用重力作用使水中的悬浮物下沉，从而得到澄清的水体。化学净化通过添加化学药剂改变水体的 pH 值、离子强度等，使污染物发生化学变化以达到净化和消除有害物质的目的。常用的化学净化方法有吸附剂法、氧化法等。生物净化法利用微生物的菌群降解、吞噬和转化水中的有机物化合物。常见的生物净化方法包括固定化生物法、厌氧氧化法等。在净化水质的同时还需定期对饮水系统进行消毒处理,常用的消毒方法有化学消毒和物理消毒两种。化学消毒主要利用消毒剂或臭氧等氧化性物质对饮用水进行消毒杀菌,物理消毒则包括紫外线消毒、高温消毒等方法。虽然水中的非致病性细菌含量较高时可能不会对动物机体造成伤害,但在饮水卫生要求上总的原则是水中细菌越少越好。

畜禽饮用水水质标准评价指标主要包括感官性状、化学性状、毒理学指标和细菌学指标,其中水的感官性状、化学性状、毒理学指标反映了水质受到有毒有害物质污染的情况,细菌学指标反映了水质受到微生物污染的状况。各项指标必须符合《畜禽饮用水水质》标准要求,成年家畜每 100 mL 的饮用水中细菌总数应不超过 10 个,幼龄家畜和禽类不超过 1 个。

4)系统维护

饮水系统的正常运行是保障畜禽饮水安全的关键,因此要定期对饮水系统进行检查和维护。对于水管和饮水器的定期检查包括水管是否漏水、饮水器是否堵塞或损坏,如有情况要及时进行维修和更换。饮水系统的清洗和消毒以去除水中的杂质和微生物、防止水源污染为目的,清洗时要注意清洗干净,确保无残留物;消毒时要选择合适的消毒剂和方法,确保消毒效果。对于饮水器,要根据畜禽的日龄、体型和饮水需求适当调整饮水器的高度和出水量,确保畜禽能够舒适饮水。

5)科学管理

科学的饮水管理是提高畜禽饮水效率的重要保障。饮水管理措施包括合理设置饮水点,饮水点应设置在畜禽活动频繁的区域,且数量充足、分布均匀,这样可以方便畜禽饮水,减少因饮水不便而导致的饮水不足问题;定期监测水质,对水质进行监测和分析,了解水质变化情况,发现问题及时采取措施解决;加强水源保护,在水源周围设置保护区域,避免人类活动对水源造成污染,定期对水源进行监测和抽检,确保水质安全;同时要对养殖人员进行饮水管理方面的培训和教育,提高其饮水管理意识和技能水平。

推广畜禽高效饮水技术是保障畜禽健康生长和提高养殖效益的重要手段。通过选择合适的饮水器具、科学管理水源和水质、定期维护和清洁饮水系统以及加强科学饮水管理等措施,可以显著提升畜禽的饮水效率和生产性能。同时,这些措施也有助于减少水资源的浪费和污染问题,推动畜禽养殖行业的绿色、健康和可持续发展。

2.1.1.2 液态饲料(湿料)饮水技术

液态饲料饮水技术现代养猪业的一项重要创新技术。该技术主要通过水、脱脂牛奶、乳清等液态媒介将固体营养物质或副产品以悬液的形式输送到猪的采食点,以提高养殖效率、猪的健康水平和经济效益。

1)液态饲料饮水技术概念

液态饲料饮水技术又称“管线饲喂”,是在饲喂前将各种饲料原料(包括能量原料、蛋白质原料、矿物质原料和各种添加剂）与水按照一定比例混合均匀，通过管道或其他方式饲喂猪的一种新型饲喂方式。与传统的干料饲喂相比，液态饲料具有更高的适口性、更好的消化吸收率和更低的饲料浪费率。

2）液态饲料饮水技术优势

（1）提供个性化方案。液态饲喂系统能够满足“母猪—仔猪—保育—育肥”不同生长阶段的饲喂需求，提供个性化的营养方案，促进猪的健康生长。

（2）提高适口性和采食量。液态饲料经过充分搅拌和浸泡，饲料微粒吸水膨胀，表面积增加，口感更加松软，增加了饲料的适口性，从而提高了猪的采食量和采食积极性。

（3）提高出栏率和生长速度。液态饲料有助于猪只更快达到出栏标准，对于育肥猪平均可提前 8~14 天出栏。此外，液态饲喂还能显著提高猪的日增重，缩短养殖周期。

（4）猪群整齐度高。液态饲喂系统能够确保猪群同时采食，减少个体差异，提高猪群的整齐度，实现同进同出。

（5）降低疾病发生率。液态饲料能有效降低猪舍内的氨气和粉尘含量，改善猪舍环境，减少猪群呼吸道疾病的发生。同时，液态饲料中的益生菌能够抑制有害菌的繁殖，提高肠道健康，减少用药成本。

（6）节约用水和减少泌尿系统疾病。使用液态饲料可供应猪只每天需水量的 70%，减少猪的饮水次数，可以节约用水并减少猪泌尿系统疾病的发生。

（7）高度智能化和节省人力。液态饲喂系统高度智能化，能够减少饲喂时间和人力成本，提高整体生产水平。液态饲喂系统一般包括主控界面、水塔、料塔、搅拌罐、输送管道和料槽等部分，通过自动计量和定时定量输送，实现精准饲喂。

（8）充分利用副产品和降低成本。液态饲喂系统能够与液态饲料完美结合，将农业与食品工业的副产品（如饲料、酒糟、糖浆、豆类谷物类加工副产品等）充分结合应用，降低饲料成本。

液态料和干料之间的差异见表 2-1。

表 2-1　液态料和干料之间的差异

项目	液态料	干料
设计目的	最大生长	普通商业化产品
设计思路	从猪体出发，到猪群中去	中国特色（非动态的）
料型	粉状，液化后悬浮	粉状，颗粒
效果：生长速度	+30%（相对正常水平）	正常水平
效果：料重比	−0.2~−0.15	正常水平
效果：造肉成本	−0.25~−0.20 元 /kg	正常水平
设备成本	较高	低
方便性	方便	方便
缺点	仔猪舍湿度大，不宜清洁；设备需维护；余料易酸败	设备需维护

3）液态饲料饮水技术操作方法

液态饲料饮水技术的操作相对简单，但需要注意原料选择、水料比控制、搅拌和发酵、输送和饲喂过程等方面的管理，基本操作流程如下。

（1）原料选择。选择质量稳定、营养均衡的饲料原料，包括能量原料、蛋白质原料、矿物质原料和各种添加剂，可以充分利用农业和食品工业的副产品，降低饲料成本。

（2）水料比控制。根据猪只的生长阶段和品种特点，合理控制水料比。一般来说，水料比要求在 2.5∶1 以上，夏季可适当增加水的比例，冬季则适当减少。

（3）搅拌和发酵。将饲料原料和水按照一定比例混合均匀后，放入搅拌罐中进行搅拌。对于需要发酵的饲料，可以加入适量的发酵剂，在密闭环境中进行发酵。发酵时间根据发酵剂种类和温度条件而定，一般为 6~12 小时。

（4）输送和饲喂。将搅拌好的液态饲料通过管道输送到料槽中，供猪只采食。在饲喂结束后，要及时清洗管道和料槽，避免饲料残留变质。

目前，液态饲料饮水技术在国内外规模化猪场中已经得到了广泛应用。在保育仔猪阶段，液体饲喂可以缓解断奶应激对存储的影响，提高仔猪的采食量和生长速度。在育肥猪阶段，液态饲喂系统能够充分利用廉价的工农业流体副产品，显著降低养猪成本。同时，液态饲喂还能提高母猪的生产性能，减少哺乳期体况损失，提升繁殖性能。然而，液态饲料饮水技术在应用过程中也面临着一些挑战。例如，液态饲料的卫生状况是影响其推广的关键因素之一，如果不能及时采食完全，液态饲料容易发生霉变和氧化变质。此外，液态饲料原料的质量差异大，需要实际测定后才能投入使用。同时，液态饲喂设备的投入成本较高，对于小型猪场来说可能存在一定的经济压力。

液态饲料饮水技术作为现代养猪业的一项重要创新技术，将在未来展现出更加广阔的发展前景。该技术通过不断提升智能化、自动化水平，加强环保与可持续性发展，注重生物安全与疾病防控，以及提供多功能化与定制化服务等方面的努力，将为养猪业带来更加显著的经济效益和社会效益。

2.1.2 舍内环境控制环节节水技术

2.1.2.1 节水型降温技术

高温天气给畜禽养殖场带来了诸多挑战，如热应激增加、采食量下降、增重减慢、繁殖障碍以及疾病传播等。为了保障畜禽的健康和生产性能，养殖场必须采取有效的节水降温措施。

1）通风＋隔热

早晚温度较低时，可以打开畜禽舍的前后门窗，利用自然风进行通风换气，降低舍内温度。在高温闷热的天气下，自然通风可能无法满足通风需求，此时应安装风机或风扇进行机械通风。首先，对养殖场建筑进行合理布局，利用自然风压和热压原理，设计合理的进风口和出风口，促进空气自然对流。其次，在必要时（如极端高温天气）加装机械通风设备，如风扇、排风扇等，以增强通风效果，加速空气流动，有效降低舍内温度。采用智能化通风控制系统，根据舍内温度、湿度、二氧化碳（CO_2）浓度等环境参数自动调节通风设备的工作状态，实现精准通风，既节能又高效。再次，在隔热材料应用方面，可使用轻质、高效、反射太阳辐射的隔热材料（如铝箔气泡膜、聚苯乙烯泡沫板等）对养殖场屋顶进行改造，减少太阳辐射对舍内温度的影响。同时，可考虑设置遮阳网或种植绿色植被于屋顶，进一步增加隔热效果。墙体隔热可采用双层或多层墙体结构，中间填充保温隔热材料，如岩棉、聚氨酯泡沫等，以提高墙体的隔热性能，阻止热量传递。

2）湿帘降温

在蛋鸡和肉鸡的规模化养殖中，夏季高温天气给养殖场带来了严峻的饲养挑战。高温环境不仅影响鸡的生长速度和产蛋率，还可能引发热应激，导致鸡的健康状况下降甚至死亡。因此，采取有效的降温措施对养殖场而言至关重要。其中，湿帘降温作为一种经济、简便且高效的降温方式，被广泛应用于现代化鸡舍中。湿帘降温系统主要由纸质多孔湿帘、水循环系统和风扇组成。其工作原理是：未饱和的空气流经多孔、湿润的湿帘表面时，湿帘上的水分蒸发，从而空气温度降低，随后风扇将经过湿帘降温的冷空气引入鸡舍内部，达到降温目的。湿帘是否开启需根据外界环境温度、鸡舍湿度和鸡群的风速适应性来判断。一般而言，当外界环境温度高于鸡舍需要温度，且通过加大通风量仍无法有效控制鸡舍温度时，应开启湿帘降温，此时应注意鸡舍湿度应在 50%~65%，以避免湿度过高产生不良影响。对于不同湿度的天气，可采用不同的湿帘开启模式。

相对湿度小于 60% 的高温低湿天气：当最高温度小于 35 ℃时，采用风冷降温；当温度大于等于 35 ℃时，需开启湿帘降温。

相对湿度为 60% ~80% 时：水泵进入“开/关间歇”控制模式，避免湿帘长时间开启导致舍内湿度过高。

相对湿度大于等于 80% 时：采用水冷降温模式，使用较低温度的凉水，增强降温效果。

在寒冷季节来临前，需对湿帘进行包裹保温处理，防止湿帘冻裂。不使用湿帘的季节，需将蓄水池内的水抽干，清洁干净，以备来年使用。湿帘降温作为蛋鸡肉鸡养殖场中一种经济有效的降温方式，在夏季高温天气中发挥着重要作用。通过合理设计湿帘系统、科学使用、定期维护保养，可以显著降低鸡舍内的温度，提高鸡群的舒适度，减少热应激的发生，从而提升养殖效益。

3）智能喷淋技术

智能喷淋技术作为现代养殖场节水的重要手段，通过精准控制、智能监测和自动化管理，能有效降低养殖过程中的水资源消耗，提高养殖效率。智能喷淋技术集成了物联网、大数据、人工智能等先进技术，通过安装在养殖场内的温湿度传感器、风速传感器等设备，实时监测养殖环境，根据预设的算法和模型，能够自动分析并判断当前环境是否需要喷淋降温，以及喷淋的强度和时长。同时，智能喷淋系统还具备远程控制功能，饲养员可以通过手机或电脑远程监控和调节喷淋设备，实现精细化管理，其优势如下。

(1)精准控制。智能喷淋系统能够根据养殖场的实际情况,如牛只的身体状况、环境温度、湿度等,精准调节喷淋的强度和时长,避免过度喷淋造成水资源浪费。

(2)自动化管理。智能喷淋系统能够自动监测和调节喷淋设备,无须人工干预,大大降低了人力成本,提高了工作效率。

(3)节水效果显著。相比传统喷淋方式,智能喷淋系统能够节省大量水资源。据统计,一些先进的智能喷淋系统较传统喷淋方式能够节水 60% 以上。

(4)提高养殖效益。智能喷淋系统能够改善养殖环境,从而减少牛只因高温、高湿引发的疾病,提高牛只的健康水平和生产性能,进而增加养殖效益。

2.1.2.2 节水型氨减排技术

随着养殖规模的扩大,畜禽养殖带来的环境问题也日益凸显,其中氨排放和水资源短缺是两大主要问题。氨排放不仅影响空气质量,还可能对生态环境和人体健康造成危害;而水资源短缺则限制了养殖业的可持续发展。因此,探索畜禽养殖节水型氨减排技术尤为重要。氨气(NH_3)是大气中主要的碱性气体,在农业源中,畜禽养殖是氨排放的主要来源之一。氨排放不仅导致空气质量下降,还可能通过大气化学作用转化为其他污染物,同时会对生态系统造成破坏,影响植物生长和土壤质量。在畜禽养殖过程中,动物粪便的分解和饲料中蛋白质的代谢会变成氨排放。因此,减少氨排放的关键在于优化饲料配方、改进饲养管理和加强粪便处理。节水型氨减排技术旨在通过改进养殖管理和技术手段,实现水资源的节约和氨排放的减少。这些技术包括饲料管理、畜舍环境控制、粪便处理及资源化利用等方面。

1)饲料管理

饲料管理是减少氨排放的重要环节。通过饲喂低蛋白高纤维的饲料,可以在保证动物正常生长的同时,降低饲料中蛋白质的代谢量,从而减少氨的产生。具体来说,可以在饲料中添加动物生长所需要的氨基酸,以替代部分天然蛋白质,从而降低饲料中的粗蛋白含量。此外,还可以在饲料中添加一些具有促进消化、减少粪便含水量功能的添加剂,如丝兰提取物。丝兰提取物可以提高饲料的消化率,减少蛋白质的排出量,从而降低粪便的含水量和氨的排放量。

2)畜舍环境控制

畜舍环境控制是减少氨排放的重要手段。通过合理设计畜舍结构、加强通风换气、定期清理粪便等措施,可以有效降低畜舍内的氨气浓度。具体来说,可以采用机械通风系统,保持畜舍内空气流通,减少氨气的积聚。同时,定期清理粪便,减少粪便在畜舍内的停留时间,也可以降低氨气的产生和排放。此外,还可以在畜舍内加装生物过滤、生物洗涤等装置,对挥发的氨气进行处理。这些装置通过生物化学反应将氨气转化为无害物质,从而达到减少氨排放的目的。

3)粪便处理及资源化利用

粪便处理及资源化利用是减少氨排放和节约水资源的有效途径。通过科学合理的粪便处理技术,可以将粪便转化为有价值的资源,如有机肥料、生物能源等。同时,在粪便处理过程中,还可以有效减少氨气的排放。具体来说,可以采用厌氧发酵技术处理粪便。厌氧发酵是一种在缺氧条件下进行的生物化学反应,可以将粪便中的有机物转化为沼气等生物能源。在厌氧发酵过程中,氨氮等含氮物质也会被转化为其他形态,从而减少氨气的排放。此外,还可以将发酵后的沼液进行资源化利用,如作为农田灌溉用水或作为饲料添加剂等。

节水型氨减排技术的实施可以带来显著的环境效益和经济效益。首先,通过减少氨排放,可以改善空气质量,保护生态环境和人体健康。其次,通过节约水资源和提高粪便处理效率,可以降低养殖成本,提高经济效益。此外,通过资源化利用粪便等废弃物,还可以促进农业循环经济的发展。

2.1.3　粪污处理环节节水技术

畜牧场的废弃物主要包括畜禽的粪便尿液、污水、剩余的饲料和沉淀物等。这些废弃物具有数量庞大、流动性强以及难以储存的特点。随着畜禽养殖数量的不断增加,其粪尿的排放量也在持续上升。相关研究表明,一个设计存栏规模 400 头成年母牛的奶牛场,每天产生粪 30~40 t,全年累计产生粪 1.1 万 ~1.5 万 t;一个设计存栏规模 1 万羽的蛋鸡场,每天产生粪 0.1 万 ~0.5 万 kg,全年累计产生粪 36 万 ~55 万 kg。因此,应该对畜禽养殖场产生的粪污进行处理,加以利用。

粪污处理环节的节水技术主要包括节水型清粪技术、废水处理与回用技术、雨水收集与利用技术及发酵床生态养殖技术。这些技术措施在生猪、奶牛规模化养殖场中应用较为广泛,能够有效减少水资源的消耗,对环境保护具有重要意义,同时也能提高粪污的处理效率和资源化利用率,有利于推动畜牧业的高质量发展。

2.1.3.1　节水型清粪技术

畜牧养殖中的节水型清粪技术是指通过各种方法和设备,减少或有效利用粪便产生的水分,逐步淘汰水冲粪、水泡粪工艺。该技术的目的是在源头上减少养殖污水的产生,利用节水型饮水器或饮水分流装置,使雨水和污水分离、固体和液体分离,同时回收污水并利用其循环清粪,以实现降低水资源消耗和减少环境污染的目标。具体操作技术如下。

干粪处理首先将粪便和尿液分离,然后使用干燥剂(如木屑、秸秆等)将粪便干燥,减少粪便中的水分含量。这样既减少了水的使用,也减少了运输和处理过程中的成本。干粪处理主要包括干湿分离和堆肥两种方法。

干湿分离是一种养殖场常用的粪便收集方法,该方法的关键是要将畜禽干粪与冲洗水、部分尿液尽量分离,以便更好地减少沼液处理、就地消纳和贮存。这种方法通过设置相应的雨污分流设施,防止雨水进入干粪和液粪收集系统,确保干粪的收集和处理效率。干粪处理设施同时应具备相应的防雨防潮功能,处理后的粪便应符合当地农肥利用的各项指标标准,以实现粪污的全利用和零排放。

堆肥技术可利用微生物的发酵作用将畜禽粪便转化为有机肥料。这种方法在一定的水分、碳氮比和通风等条件下进行，通过高温堆肥或厌氧发酵，可以有效消灭粪便中的细菌、寄生虫虫卵等病原体，实现粪便的无害化处理。堆肥发酵过程通常可分为3个阶段。一是温度上升期。此阶段一般持续3~5天，在此期间，好氧性微生物大量繁殖，分解简单的有机物，释放热量，从而使堆肥的温度上升。二是高温持续期。当温度达到50 ℃后，会维持在一个相对稳定的范围，并持续1~2周，此时复杂的有机物（如纤维素、半纤维素和蛋白质）在大量嗜热菌的作用下，开始转化为稳定的腐殖质，这一过程能有效杀死大部分细菌、微生物和寄生虫虫卵等有害生物。三是温度下降期。随着有机物的进一步分解，释放的热量减少，温度逐渐降到50 ℃以下，嗜热菌数量也开始减少，此时堆肥的体积会缩小，堆内环境变为厌氧状态，厌氧微生物开始繁殖并将有机物转化为腐殖质。堆肥处理不仅能有效减少废弃物对环境的污染，还能生产出高质量的有机肥料，以改善土壤质量，提高化肥的利用效率，进而降低化肥的施用量。

此外，针对一些少量且分散的粪便，可以使用漂白粉或生石灰进行搅拌处理，以达到消毒效果。具体方法如下：将漂白粉与粪便以1∶10的比例混合，充分搅拌后，静置24小时即可达到无害化处理的效果；还可将生石灰与粪便以1∶4的比例混合，添加适量水后，静置24小时同样能达到良好的消毒效果。

尿泡粪工艺是一种粪污处理模式，该方法将粪尿混合收集，并通过特定的处理方式实现粪污的资源化利用。这种工艺模式遵循因地制宜的原则，将粪污变废为宝，主要实现方式为：首先进行固液分离的预处理，再进一步将其制作成固体有机肥和液态有机肥，其中固体有机肥通过漏缝地板和虹吸管道进行收集。在具体操作上，尿泡粪工艺的粪坑深度设计需考虑所在地区的气温和是否便于管理，例如南方地区一般将粪坑深度控制在1.3 m以内（多数深度控制在0.6~1 m），这样的设计有利于进行固液分离或生产沼气。处理后的粪污可以直接投入周边农田进行综合利用，每667 m^2可以使用100 kg以上的粪污。这种利用方式不仅能实现粪污的无害化处理，还能有效促进农业的生产，实现农业生产和环境的双重效益。

粪污固液分离技术是一种处理养殖业废弃物的方法，其通过物理方法将粪便和尿液分离成固体和液体两部分，以便于进一步处理和利用，在猪场和牛场等集约化养殖场所应用较为广泛。该方法的基本原理是通过机械力的作用，将进入固液分离机的粪便和尿液中的水分挤压出去，使固体物质与液体分离。分离出的固体物质（如猪粪、牛粪等）含水率降低，经过处理后可以制成有机肥料。而分离出的液体则流入沼气池经发酵产生沼气，用于发电或供热，沼液在经过处理后可以循环使用于养殖区，减少了养殖区对外部水资源的依赖，同时也减少了污染物的排放，实现了资源的再利用和环境的保护。

2.1.3.2 废水处理与回用技术

已有数据表明，某设计规模1万头的商品肉猪养猪场，采用漏缝地板饲养方式，每天排放污水量为200~300 m^3，年排放污水总量在7.5万~11万 m^3。这些污水中富含高浓度有机物和大量病原体，具体指标如下：化学需氧量（COD）为 10 000~12 000 mg/L，生化需氧量（BOD）为 9 500 mg/L，悬浮物含量为 21 000~130 000 mg/L，氨氮（NHP-N）达到 3 000 mg/L，总氮含量为 30 g/L。为了防止畜牧场污水对周边水体造成污染，必须加强管理，包括限制大量水冲洗畜禽粪便和减少地表降水流入污水收集和处理系统等，以降低污水的产生量。此外，需通过多级沉淀和固液分离技术来减少污水中的有机物含量，并对排放的污水进行处理。畜牧场污水处理主要包括物理处理、化学处理和生物处理技术，以及这些技术的组合应用。

1）物理处理技术

物理处理技术主要包括以下几种方法。

（1）吸附法：使用沸石等介质吸附废水中的氮、磷，处理后的沸石可用作土壤改良剂或肥料，但需注意避免二次污染。

（2）物理沉淀法：利用重力作用使废水中的悬浮物自然沉降。悬浮物在沉淀过程中，逐渐沉积在底部，形成沉淀物。通过添加絮凝剂，可以加快悬浮物的沉降速度。磁絮凝沉淀法工艺简单，沉降性好，但会产生化学污泥。

（3）过滤法：利用石英砂、活性炭等滤料表面所具有的吸附和拦截作用去除废水中的悬浮物和部分有机物。在过滤过程中，废水流经滤料表面，悬浮物被截留在滤料表面或内部孔隙中。

（4）离心分离法：利用离心作用将废水中的悬浮物和油脂分离出来。在离心过程中，悬浮物和油脂受到离心力作用，被甩向器壁，而清水则留在中心部位。

（5）气浮法：利用气泡上浮作用将废水中的悬浮物和油脂分离出来。通过向废水中通入空气或氧气，形成微小气泡，而悬浮物和油脂会附着在气泡上并随气泡上浮至水面。

2）化学处理技术

化学处理技术主要包括以下几种方法。

（1）氧化还原法是通过使用臭氧、氯气等氧化剂或硫酸亚铁、亚硫酸钠等还原剂将废水中的有机物质氧化或还原为无害物质的方法。电化学氧化法对氨氮去除率高，但对 COD 去除率较低。Fenton（芬顿）氧化法则对 COD 和色度去除率高，但需大量亚铁离子并存在较低的过氧化氢利用率。

（2）酸碱中和法是通过调节废水 pH 值将废水中的酸性或碱性物质中和为中性物质的方法。常用的中和剂有石灰、氢氧化钠等。

（3）化学沉淀法是通过向废水中添加化学药剂使废水中的悬浮物或重金属离子形成沉淀物的方法。常用的沉淀剂有硫酸钡、氯化钡等。

（4）消毒法是通过向废水中添加消毒剂以杀死废水中的细菌、病毒等微生物的方法。常用的消毒剂有氯气、次氯酸钠等。

3）生物处理技术

生物处理技术包括活性污泥法、生物过滤法等，这类技术处理过程涉及多种微生物的参与，包括细菌、真菌、藻类、原生动物和多细胞动物如轮虫、线虫、甲壳虫等。在这些微生物中，细菌扮演着至关重要的角色，它们凭借强大的繁殖能力、庞大的数量以及卓越的有机物分解能力，能够高效地将污水中存在的溶解态、悬浮状及胶体状的有机物逐步转化为稳定的无机物。这类技术能够有效地去除废水中的有机物，且运行成本低，但需要较长的处理时间和较大的设备面积。使用生物处理法时，需要控制好温度、pH 值等因素以保证处理效果。

（1）活性污泥法是最常用的生物处理技术之一，该处理技术依赖于活性污泥中的微生物群体，通过微生物群体吸附并降解废水中的有机物质，从而实现水质的净化。当向含有机物的污水中持续通入空气时，好氧微生物迅速增殖，形成富含微生物的絮凝体，这些絮凝体因外观类似污泥且具备吸附和氧化分解有机物的能力被称为活性污泥。细菌及其分泌的胶体与悬浮物质相互黏附，构成菌胶团，这是活性污泥的核心组成部分。菌胶团能够高效分解大量有机物而不被其他生物消耗，且易于沉淀下来。

（2）生物过滤法，也称“生物膜法”，其主要利用微生物在过滤介质表面形成的胶状生物膜来处理污水，处理污水的设备主要包括生物滤池和生物转盘等。在氧气充足的条件下，当污水流经覆盖着生物膜的滤料层时，生物膜上的大量微生物会氧化分解污水中的有机物。具体来说，生物滤池和生物转盘通过其内部的填料或转盘上的微生物活动，对废水中的有机物进行降解处理，从而实现水质的净化。

此外，还有能源环保型模式和能源生态型模式，前者适用于周边环境无法消纳养殖污水的情况，处理后的水达到排放标准后可应用于大规模养殖场，但需要人工湿地和植物氧化塘等设施；后者利用厌氧消化技术处理污水，产生的消化液可作为农作物的有机液体肥料，适用于有足够农田消纳养殖污水的地区。

2.1.3.3 雨水收集与利用技术

畜禽养殖场应合理规划建造排水系统。在估算雨水量时，需考虑当地的降雨强度、汇水面积以及径流系数，并参考城乡规划中的排水工程估算法，同时还需根据地区气候特征进行适当调整。在雨水排放过程中应实施分流排放策略，即分别建立雨水和生产、生活污水的独立排放系统，并专门设置雨水排放管道，以避免雨水流入需特殊处理的粪污处理系统。养殖场内排水系统通常布设于道路两侧及家畜运动场边缘，为减少污染物积聚及避免人畜破坏，常采用斜坡式排水沟渠。对于场地中可能存在的少量粪污混入雨水的情况，在条件允许时建议使用暗埋管道。若采用明沟形式，其最大深度不宜超过 30 cm，沟底需设计 1%~2% 的坡度，且上口宽度应保持在 30~60 cm。

养殖场雨水收集与利用技术是一种通过收集、处理和利用雨水，以达到节约用水和环境保护目的的技术。这种技术主要涉及对雨水的收集、净化、储存和利用，通常用于农业灌溉、景观用水、绿地灌溉等方面，有助于减少对传统水源的依赖，提高水资源的利用效率。畜舍建筑屋面雨水资源化利用方式主要有以下两种。

（1）通过建筑雨水排水系统收集雨水。畜舍建筑屋面雨水水质一般较好，屋面雨水经初期径流弃流后化学需氧量一般为 80~200 mg/L；悬浮物一般为 6~15 mg/L；色度一般为 10~40 度，水质较好，具有量大、收集及处理方便等优点。畜舍建筑雨水排水系统如下：檐沟外排水由檐沟、雨水斗及立管（雨落水管）组成，屋面雨水汇集到屋顶檐沟，经雨落水管收集后排至室外雨水管网或室外地面；天沟外排水系统由天沟、雨水斗、排水立管及排出管组成，屋面雨水沿天沟流向建筑物两端，经雨落水管排至室外雨水管网或室外地面；内排水系统由雨水斗、连接管、悬吊管、立管、排出管及清通设备等组成，屋面雨水流入雨水斗经连接管、悬吊管、立管、排出管流至室外雨水检查井。将建筑雨水排水系统设计与雨水资源化利用相结合，可实现建筑屋面雨水的回用，减少常规水资源的消耗。

（2）通过种植屋面利用雨水。种植屋面，又称“生态屋顶”“有生命的屋顶”或“植被覆盖的屋顶”，是一种集建筑艺术和绿化技术于一体的新型雨水利用技术，具有绿色植物所需的植被和生长介质。种植屋面自上而下由植被、生长基质、滤布、排水元件、保护层、根系屏障、保温层、防水膜和屋面板等组成，适用于各种类型的建筑物。

2.1.3.4　发酵床生态养殖技术

发酵床生态养殖技术是一种利用有机物进行发酵产热，维持发酵床内部稳定的温度和湿度条件，为养殖动物提供适宜的生长环境的技术。发酵床通常使用的是各种有机废料或农副产品，如秸秆、麦麸等，这些物质在发酵过程中，通过微生物代谢活动分解有机物的同时释放出热量，使发酵床内部温度升高，通常可达到 30~50 ℃，对于很多养殖动物来说是理想的生长环境温度。同时，发酵床的湿度也会因为发酵过程中的水分释放而增加，这种湿度也有利于维持发酵床内的微生物活动和养殖动物的生长需求。在此过程中，细菌和真菌起到了关键作用，它们分解和转化有机物，产生热量的同时还释放营养物质，如氮、磷、钾等，不仅有助于提升土壤的肥力，也有利于维持发酵床内部的生态平衡和环境质量。

此技术适用于小规模的畜牧养殖，主要采用锯末、稻壳、秸秆等材料作为床铺层，并在床铺层上均匀喷洒特定的微生物菌种。为了维持发酵床的有效运作，需要定期添加床铺物料和菌种，并对床铺物料进行翻动处理，以确保发酵床的温度和湿度保持在稳定状态。此外，还需要定期进行通风换气。该技术的核心在于将活性功能微生物作为转化媒介，能够长期稳定地将动物的粪便、尿液以及饲养过程中产生的水等废弃物完全分解为有益物质和能量，从而实现无污染、零排放的环保目标。与此同时，这项技术还能帮助节省水电、取暖等运营成本。目前，此技术主要应用于生猪、奶牛和肉牛养殖。

（1）生猪发酵床的应用。此方法使用专为发酵床设计的微生物菌种，将菌种与一定配比的秸秆、锯末、稻壳和粪便（或土壤）混合，构建成一个微生态发酵床，作为猪舍的垫料层。猪的拱翻习性有助于猪粪、尿与垫料的均匀混合，有机物经过发酵床的生物分解过程，得以彻底分解和转化。发酵过程中产生的热量可以保持猪舍温度，冬季无须额外加热，节省能源支出。此外，发酵床内的有益微生物群落能够将垫料与粪便转化为猪可食用的营养物质，从而增强猪的免疫力，促进其健康生长。这项技术不仅可有效降解猪粪尿，实现环境友好型的无污染、零排放目标，还能显著提升猪肉的品质。生猪发酵床充分满足了猪的生活需求与天性习惯，从根本上增强了猪的健康水平与活力，降低了疾病发生率，加快了肉猪的生长速度，并提高了种猪的生产性能，将废弃物转化为生物有机肥，实现循环利用，变废为宝。

（2）奶牛发酵床的应用。奶牛发酵床技术是一种利用微生物发酵技术处理牛粪的环保养殖技术，通过在牛舍内铺设含有微生物制剂的垫床，可以高效地解决牛粪堆积的难题，这些微生物在分解粪便的同时还能转化生成菌体蛋白，这一过程显著缓解了牛舍臭气，为奶牛创造了一个更加适宜的生长环境。这种技术不仅提高了奶牛的健康水平和产奶量，还实现了牛粪的循环再利用，是一种既环保又高效的养殖方式。奶牛发酵床技术的实施包括定期在生物床上喷洒益生菌、每日翻耙、定时更换垫料等，以确保牛舍的干爽和卫生。

此外，异位发酵床技术是在养殖栏舍外建立发酵床，通过翻动和高温发酵处理养殖场的粪污，达到消耗粪污而不对外排放目的的技术，这种方法相对稳定，受外界环境影响小，是处理畜禽粪污的环保技术之一。

2.2 饲料作物生产环节节水技术

2.2.1 节水型饲草品种选择

饲草作为畜牧业养殖的基础，其生产过程中的水资源利用效率直接影响畜牧业的可持续发展。因此，选择节水型饲草品种，成为缓解水资源压力、提高农业生态系统稳定性和经济效益的重要举措。

2.2.1.1 节水型饲草品种选择的重要性

（1）缓解水资源短缺。在全球气候变化和人口增长的双重压力下，水资源短缺问题日益严峻。选择节水型饲草品种，能够有效降低畜牧业对水资源的依赖，节约宝贵的水资源。

（2）提高农业生产效率。节水型饲草品种通常具有较强的抗旱能力和较高的水分利用效率，能够在干旱或半干旱地区稳定生长且单位面积产量较高，增加畜牧业的生产效率和经济效益。

（3）促进生态平衡。节水型饲草品种的种植可以减少灌溉用水量，降低地下水位的下降速度，保护土壤结构，减缓土壤盐碱化，同时有利于维护生物多样性，促进农业生态系统的良性循环。

（4）应对气候变化。节水型饲草品种的广泛种植，有助于减少农业温室气体（如甲烷）的排放，提高碳汇能力，为应对全球气候变化贡献力量。

2.2.1.2 节水型饲草品种选择的原则

（1）适应性原则：根据当地气候条件、土壤类型、降雨量等自然条件，选择适应性强、生长稳定的节水型饲草品种。

（2）高效性原则：优先选择水分利用效率高、产量高、品质优的节水型饲草品种，以提高饲草生产的经济效益。

（3）抗逆性原则：选择具有抗旱、抗寒、抗病虫害等抗逆性强的节水型饲草品种，减少农药和化肥的使用量，降低生产成本，同时可以保护环境。

（4）多样性原则：考虑节水型饲草品种的多样性，以满足不同畜禽种类的营养需求，提高畜牧业的综合生产能力。

2.2.1.3　主要节水型饲草品种介绍

1）紫花苜蓿

紫花苜蓿是全球广泛种植的优质豆科牧草之一，具有抗旱、耐寒、耐盐碱等特性，且根系发达，能够有效固土保水。其蛋白质含量高，营养价值丰富，是畜牧业的重要饲草来源。具体应用如下。

（1）养牛：紫花苜蓿特别适合用于肉牛养殖，能够提高牛肉的质量和口感。同时，对于奶牛而言，紫花苜蓿也能增加其产奶量，提高乳品品质。

（2）养羊：紫花苜蓿的高蛋白质含量能满足羊的生长和繁殖需求，同时提高羊毛的质量和产量。

（3）其他畜禽：紫花苜蓿还可用于马、猪等畜禽的饲养，提高其整体健康状况和生产性能。

2）燕麦草

燕麦草生长迅速，耐旱能力强，对土壤适应性广，能在多种土壤类型中生长。其营养价值高，富含粗蛋白和粗脂肪，可作为牛、羊等反刍动物的优良饲草。具体应用如下。

（1）青饲：燕麦草可以直接作为青饲料喂养畜禽，特别是在其生长旺盛期，营养价值更高。

（2）干草与青贮：燕麦草还可以制成干草或青贮饲料，供畜禽在冬季或饲料短缺时食用。

（3）混合饲料：燕麦草可以与其他饲草或精料混合使用，提高饲料的整体营养价值。

3）沙打旺

沙打旺是一种耐旱、耐寒、耐盐碱的豆科牧草，具有较强的生长能力，能够固沙保土。其茎秆粗壮，叶量丰富，营养价值较高，是干旱、半干旱地区理想的饲草品种。具体应用如下。

（1）割草喂饲：在沙打旺生长后期，可以用来饲喂畜禽，特别是对于那些需要高蛋白饲料的畜禽而言，沙打旺是一种理想的选择。

（2）干草与青贮：沙打旺还可以制成干草或青贮饲料，供畜禽在冬季或饲料短缺时食用。

4）高羊茅

高羊茅是一种冷季型禾本科牧草，具有耐旱、耐寒、耐践踏等特点，适合在温带和寒带地区种植。其生长迅速，草质优良，是草坪和放牧地的理想选择。具体应用如下。

（1）草坪建设：高羊茅常用于城市园林绿化中的草坪建设，因其耐践踏和易管理的特性而受到青睐。

(2)青饲与干草:虽然高羊茅主要用于草坪和放牧地,但在某些地区也可以作为青饲或干草饲料使用。

5)黑麦草

黑麦草是一种多年生禾本科植物,具有耐寒、耐热、耐湿、耐盐碱等特点,且生长速度快、再生能力强。其草质柔嫩多汁,营养价值高,是奶牛、羊等家畜的优质青饲料。具体应用如下。

(1)青饲:黑麦草可以直接作为青饲料喂养畜禽,其柔嫩多汁的口感深受畜禽喜爱。

(2)干草与青贮:黑麦草还可以制成干草或青贮饲料,供畜禽在冬季或饲料短缺时食用。

2.2.2 节水型饲草种植技术

推广节水型饲草种植技术,提高饲草生产中的水资源利用效率,对于保障畜牧业健康发展具有重要意义。节水型饲草种植技术主要基于提高水资源利用效率、减少水分蒸发和流失、优化作物生长环境等原理。具体来说,该技术除选择节水型饲草品种外,还包括采用升级灌溉技术、优化种植结构、加强田间管理等措施。

1)升级灌溉技术

灌溉是饲草种植中管理水分的重要环节。传统的地面灌溉方式往往存在水分蒸发量大、利用率低等问题。而滴灌渗灌等节水灌溉技术则能够直接将水分输送到作物根部,减少水分蒸发和流失,提高灌溉效率。此外,水肥一体化技术将水分和养分同步供给作物,不仅提高了水分利用效率,还促进了作物的生长和发育。

2)优化种植结构

合理的种植结构能够充分利用土地资源和水分资源,提高整体生产效益。在节水型饲草种植中,应根据当地的气候条件、土壤类型、水资源状况等因素,科学规划种植结构。例如,在干旱地区可以优先种植耐旱性强的饲草品种;在盐碱地区可以选择耐盐碱的饲草品种进行种植。通过优化种植结构,可以最大限度地激发土地和水资源的潜力,提高饲草生产的综合效益。

3)加强田间管理

田间管理是节水型饲草种植中不可或缺的一环。通过加强田间管理,可以及时发现并解决作物生长过程中出现的问题,提高作物的生长速度和产量。具体措施包括合理施肥、适时除草、病虫害防治等。此外,还可以通过覆盖地膜、秸秆还田等方式减少土壤水分蒸发,提高土壤保水能力。

节水型饲草种植技术是提高畜牧业水资源利用效率、保障畜牧业可持续发展的重要途径。通过选择节水型饲草品种,采用升级灌溉技术、优化种植结构、加强田间管理等措施,可以显著提高饲草生产中的水资源利用效率。

参考文献

[1] 蔡喜佳. 畜禽养殖场的饮水管理技术[J]. 山东畜牧兽医，2019，40(6)：23-24.

[2] 中华人民共和国农业部. 无公害食品：畜禽饮用水水质：NY 5027—2008[S]. 北京：中国标准化出版社，2008.

[3] 陶然，张巧娥，任亚琼，等. 奶牛饮水影响因素研究进展[J]. 中国奶牛，2023(3)：10-14.

[4] 邹骅，刘沈. 智能液态饲喂技术在养猪业中的应用[J]. 饲料博览，2024(2)：76-80.

[5] 牛欢，朱秋凤，张学芳，等. 猪场液态饲喂的应用及关注点[J]. 猪业科学，2023，40(1)：53-55.

[6] 涂志，魏铭宏. 喷淋降温在畜牧生产中的应用[J]. 畜禽业，2023，34(5)：21-24.

[7] 李川川，覃健萍，鲁俊鹏. 水帘降温在家禽夏季养殖中的应用[J]. 当代畜禽养殖业，2018(9)：16.

[8] 张万钦，李南西，周元清. 京津冀畜牧业氨减排现状及建议[J]. 中国畜牧业，2024(1)：45-47.

[9] 颜培实，李始治. 家畜环境卫生学 [M].4 版. 北京：高等教育出版社，2011.

[10] 高娇，禹振军，熊波，等. 畜禽粪污机械化处理技术应用现状研究[J]. 现代农业装备，2020，41(3)：17-20.

[11] 李杰. 猪场养殖废水的处理方法[J]. 猪业科学，2024，41(3)：86-88.

[12] 赵冬梅，王萱，吴一凡. 建筑屋面雨水资源化利用措施及适用性分析[J]. 河南科技，2024，51(9)：109-113.

[13] 程辑鑫，朱秀增. 规模化养猪场粪便及污水处理技术模式[J]. 新农业，2016(3)：42-43.

第3章　畜牧业节水设施设备

3.1　畜禽养殖舍节水设施

3.1.1　自控式饮水器

畜禽饮水是畜牧业耗水的主要构成之一。畜牧养殖场用水量主要包括畜禽饮用水、畜禽圈舍洗消用水、生产设备清洗用水、降温用水、除臭用水、生活用水等。在日常生产中，畜禽饮水往往存在浪费水资源的情况。因此，智能化、科学化的饮水方式对畜牧业节水意义重大。

目前，小型养殖场或散养户多采用水桶或水槽这类传统喂水方式，这种方式会造成水桶或水槽中水的蒸发、溢出、污染等问题；而大中型规模养殖场多采用自控饮水的方式，该方式旨在给畜禽提供充足饮水量的同时减少水的浪费。自控饮水多采用管道运输和自动饮水器相结合的方式，根据畜禽不同品种和不同生长发育阶段对水的需求，设定水的流量、水质和水温，确保每只畜禽获得适量的饮用水，避免了过度供水造成浪费。

3.1.1.1　生猪

（1）带水位控制器的饮水器。该饮水器通过水位控制器，使水位始终保持在同一高度（2 cm）。当水位高度高于该位置，饮水器自动停止供水。该饮水器能够有效保证供水的新鲜度、清洁度，减少用水浪费。

（2）碗式节水型饮水器。该饮水器为水平设置，在饮水器的上端与出水口处设有相通的进水管，在饮水器的下端设有通孔，在其内部安装出水管，使出水管和外部的集水器相连通，可有效对猪只饮用余水进行收集，减少污水产生量，降低污水处理压力。该饮水装置可应用于产床、保育床、育肥猪舍等。

（3）凹墙式猪饮水分流器。该分流器采用了新技术，是通过安装在墙壁上的进水管与猪饮水时溢出的水分流的猪饮水装置。其既可以有效地节约用水，避免水流到地面上造成猪舍潮湿，也可以回收溢出的水，再次利用。同时，该饮水装置使用安全，可避免划伤猪。

3.1.1.2　反刍家畜（肉羊、肉牛、奶牛）

自控式饮用水槽：可根据家畜饮水需要量自动控制水槽水位，在保证家畜充足饮水的同时，能够减少水浪费；在清洗饮水槽时，控制在水位最低时进行，避免浪费过多水。

3.1.1.3　家禽

智能饮水设备是在无人监管的情况下，根据家禽的需水量实现自动喂水的装置。常见的饮水设备有真空式饮水器、水槽式饮水器、普拉松饮水器、乳头式饮水器等。开放式的饮水设备容易被污染，不利于清洁维护，会增加养殖工人的劳动强度，没有自动供水功能。封闭式的饮水设备主要是指乳头式饮水器，该饮水设备具有干净和节省用水的特点，同时还可以有效控制因开放式的饮水设备水资源滴漏导致的棚舍湿度高、容易滋生细菌等问题。

3.1.2　漏缝地板

漏缝地板是指在圈舍地面上修孔状、条缝状或者网状漏粪板，当畜禽粪尿落到地面上时，液体物可以通过地板缝隙流入地面下的粪沟内，固形的粪便可以通过家畜踩踏进入粪沟内，剩余的少量残粪通过人工略加冲洗清理。使用漏缝地板能够有效地调节舍内温湿度，减少臭气排放量，有利于安全生产，并且可以保持圈舍清洁、干燥，降低畜禽发病率，提高养殖效益。

漏缝地板常见的材质有木板、硬塑料板、混凝土、金属等。木板漏缝地面不便于清洗消毒，易于破损，并且使用年限较短，常见于肉羊养殖。混凝土漏缝地面便于清洗消毒，且经久耐用，常见于奶牛（肉牛）养殖。硬塑料板漏缝地面耐腐蚀、易清洗，各种性能均比较理想，常见于生猪养殖。而金属漏缝地面易腐蚀生锈、易造成畜禽受伤，故不推荐使用。

在选择使用漏缝地板时需要考虑畜禽的肢蹄负重情况，地面缝隙和板条宽度要与畜禽蹄底相适应，防止对肢蹄造成损伤。地面缝隙和板条宽度因畜种不同而异。

漏缝地板多用于生猪养殖，在现代集约化养猪中比较常见。在饲养各阶段采用全漏缝或半漏缝地板，使用漏缝地板既便于收集粪便，做到干湿分离，同时也能有效改善圈舍卫生和防疫条件。根据生猪生理特点合理设计漏粪板的孔洞尺寸，孔洞边角呈圆弧状、上小下大为梯形，漏粪效果好，基本不用冲洗，并且能够有效防止猪蹄受伤，为养殖场节约用水，同时减轻粪污处理压力。

3.1.3　发酵床

发酵床生态养殖技术是一种综合利用微生物学、生态学、发酵工程学等原理，使用具有活性功能的微生物菌作为物质能量“转换中枢”的生态养殖模式，同时也是减少人工清粪、水冲圈舍，实现零排放零污染的环保型养殖新模式。发酵床技术自实施推广以来，具有明显优势，作为原生态循环农业的重要部分，基本解决了畜禽场粪尿对环境污染较大的难题。该技术将有机废弃物与功能菌剂按照一定比例混合，进而将其研制成垫料，待垫料发酵完成后即可称为发酵床。畜禽在发酵床垫料中饲育，每天所产生的粪尿等物质也直接掉入垫料中并由垫料中的功能微生物发生代谢、分解与消化，不再需要人工额外处理，从而实现养殖污染的“近零排放”。同时，使用发酵床技术可以有效提高畜禽粪便的处理效率，减少臭气和污染，改善畜舍内的空气质量，增加畜禽的健康和生产效益。

3.1.3.1　生猪

目前在生猪养殖中使用到的发酵床分为接触式、离地式和异位发酵床 3 种，每种发酵床具有不同特性，具体采用哪种模式，养殖场应根据生产实际情况和周边自然条件进行选择。

（1）接触式发酵床。该发酵床直接同猪接触，主要是在猪舍内铺设一层由锯末、稻壳、秸秆和菌种等有机物组成的垫料，将猪只排出的粪尿在圈舍内通过微生物的完全发酵迅速降解、消化。

（2）离地式发酵床。该发酵床将接触式发酵床的单层垫料分为猪生活区和垫料发酵区两个部分。一层为垫料发酵区，将锯末、稻壳、秸秆和菌种等垫料按照一定比例混合建成发酵床；二层为猪生活区，地面主要为漏缝地板，通过漏粪板将猪粪尿等排泄物排到一层的发酵床中进行发酵，再由人工定期对垫料进行翻抛和搅拌，使垫料中的物质和猪粪尿充分混合，方便微生物进行发酵、消化，从而实现资源化高效利用，多适用于集约化程度高的规模化养殖场。

（3）异位发酵床。该发酵床由垫料、粪污管道、翻抛机、搅拌机、防雨棚等组成。这种发酵床模式先通过管道把粪尿输送到专门的粪污处理区，粪污处理区设有谷壳、木屑、菌种等垫料铺好的发酵床，当粪污与垫料床接触后，由翻抛机均匀翻抛，当发酵床内温度达到 50 ℃以上时，污水被高温蒸发，猪粪和垫料中的有机物通过微生物作用被有效分解，最终转化成有机肥，从而实现减排减污的目标。

3.1.3.2 奶牛（肉牛）

发酵床技术也多用于奶牛（肉牛）养殖。它是一种将奶牛（肉牛）的运动、休息和有机肥生产巧妙结合的生态养殖方式。该方式相较于传统养殖模式，不仅减轻了人工清理牛粪的劳动强度，实现了牛粪的循环再利用，还显著提升了奶牛（肉牛）的健康水平和生产性能，是一种既环保又高效的养殖方式。

（1）根据微生物来源和垫料原料的不同，奶牛（肉牛）发酵床可分为土著菌发酵床、优势菌种接种发酵床、林荫落叶垫料发酵床和自然发酵床等。土著菌发酵床需要采集、分离、制备菌种。优势菌种接种发酵床需要筛选优势菌种，然后再进行接种并喷洒营养液，目前使用最为广泛。林荫落叶垫料发酵床制作材料以落叶为主，但由于落叶资源的局限性，因此主要适用于林区。自然发酵床利用泥土、木屑、粪便等垫料原料以及这些垫料原料中所富含的微生物制成，无须额外添加菌种和喷洒营养液。

（2）根据垫料是否需要提前发酵和垫料含水量的不同，发酵床可分为湿式发酵床和干撒式发酵床两种。湿式发酵床通过将垫料原料、发酵菌剂和一定比例的水混合搅拌均匀后，提前发酵一段时间，再摊开散热后均匀铺撒到圈舍，然后进行畜禽饲养。干撒式发酵床将干垫料与发酵菌剂按一定比例混合均匀，但混合过程中不加水，也不进行提前发酵，而是直接将混合物铺撒到圈舍后即开始饲养畜禽。

（3）根据垫料所处位置的不同，发酵床可分为地上式发酵床和地下式发酵床。地上式发酵床垫料位于地平面以上，发酵池高出地面 40~90 cm，地面水不易流入垫料内，且通风效果好，主要适用于水位和气温较高的地区。地下式发酵床垫料位于地平面以下，床面与地面持平，发酵池低于地面 40~90 cm，有利于发酵床的冬季保暖，主要适用于水位和气温较低的地区。

3.1.4　智能喷淋设施

夏季高温、高湿环境引起的热应激已经成为影响奶牛（肉牛）养殖产业健康发展的因素之一。热应激会导致奶牛（肉牛）采食量降低、生产性能下降、免疫功能下降、疾病发生率增高等严重的负面影响。喷淋加风扇是目前奶牛（肉牛）养殖场使用的最有效的物理降温方式之一，但传统的喷淋设施水资源利用效率较低，且开启后污水产量大，因此随着奶牛（肉牛）养殖场现代化、智能化、科技化的发展，智能喷淋设施逐步应用在规模化养殖场中。

智能喷淋设施一般采用雷达感应技术，当感应到牛只时才开启喷淋，而传统喷淋设施则是采用集中控制的间歇运行方式，无法判断喷头处是否有牛只，因此会出现喷水时喷淋区域内没有牛只的现象，从而导致水资源严重浪费。同时，由于无效喷淋致使地面积水，容易诱发蹄病和乳腺疾病。使用智能喷淋设施不但可以实现牛只即来即喷、即走即停的智能控制，还可以根据牛只的喷淋需求，合理设置喷淋时间，在精准有效地给牛只降温的同时还能降低环境湿度，减少圈舍内细菌、杂菌等病原微生物的滋生。智能喷淋设施比传统喷淋设施节约的水量可以达到 60% 以上，节水减排效果显著。

3.1.5　湿帘 + 风机

"湿帘 + 风机"降温目前是封闭式圈（棚）舍最常用的降温方式之一，多见于生猪和家禽养殖。"湿帘 + 风机"是在圈（棚）舍一端安装湿帘，另一端安装风机，工作时通过风机排风，使圈（棚）舍内部形成一定负压，外部的空气进入圈（棚）舍前会通过湿帘冷却，从而达到降温的目的。当天气炎热时，养殖场可根据圈（棚）舍温度、湿度启停湿帘，间歇性运行，并且湿帘的水一般使用蓄水池中的水，可循环使用，既能有效降温，又可达到节水的目的。

3.1.6　滴灌

畜牧业节水不光体现在养殖方面，还体现在饲草种植方面。饲草种植常用的节水技术为滴灌技术，该技术是一种现代化的灌溉方法，通过在配电系统和泄水系统中安装特定的滴灌设施，以实现对农业作物的精准灌溉和养分供给。使用滴灌既可以减少土壤中水分的蒸发，降低水分流失，还不会产生地面径流，从而更加高效利用水分资源，实现节水的目标。

3.2　粪污无害化处理设施

随着畜牧业现代化、规模化、智能化的飞速发展，畜禽粪污对生态环境影响变大，因此对畜禽养殖环境进行治理变得至关重要，治理的最终目的是实现畜禽粪便的资源化、无害化、可循环化，也就是将畜禽粪便转化为可利用资源，同时消除其对环境和人类健康的潜在危害。

畜禽粪污主要是指畜禽养殖生产过程中所产生的粪尿污物以及与冲洗水所形成的粪尿水混合物。畜禽粪污中含有大量有害微生物、重金属、抗生素、激素等其他化学物质残留和氨气、二氧化硫气体，如果不经过无害化处理，就会加大畜禽传染性疾病的传播风险，影响空气质量，对周边环境、土壤和水体造成污染。畜禽粪污如果处理好、利用好，是可循环利用的绿色资源，用途较多。畜禽粪污经无害化处理后，可用于有机肥生产、特种动物养殖、制作农作物基质、沼气发电等方面。除此之外，可将畜禽粪污纳入“农牧结合，种养循环”再利用系统，运用物理、化学、生物工程等技术将畜禽粪污变为可利用资源，既能有效阻断畜禽疾病传播、改善养殖环境和人居生态，还能有效改善土壤肥力，促进化肥减量，实现养殖增收和能源循环再利用，对推动绿色低碳发展具有重要意义。

畜禽粪污无害化处理，有助于提高畜禽粪污利用标准化、规范化、科学化水平，促进畜牧业绿色发展，改善提升耕地质量，助力实现碳达峰碳中和，同时有利于农业生态环境系统保持稳定，促进畜禽养殖与农业种植的循环发展。畜禽粪污无害化处理，通过畜禽粪污资源化利用技术和好氧处理及厌氧发酵技术，集中收集畜禽粪污，对其进行分解、发酵，进而将其转化为沼气、有机肥等可利用资源，避免出现生态环境污染问题，有利于土壤环境改善，减少无机肥等化学肥料的使用，促进农业生态系统绿色发展。科学的粪污无害化处理不仅可以有效减少环境污染，还可以节约用水。

3.2.1 自动刮粪设备

畜禽养殖业是农业的重要组成之一，畜禽产品也是人们日常生活中不可或缺的消费产品之一。随着社会经济的不断发展和人们生活水平的日益提高，人们对畜禽产品的需求也在不断增加。畜禽养殖业在为人们提供畜禽产品的同时，其生产过程中所产生的粪便处理问题也日益突出。当前，随着畜禽养殖场现代化、集约化、规模化、智能化的不断发展，绿色健康养殖已经成为当前畜牧业发展的新主题，而传统的人工清理粪便的方式已难以适应当前绿色健康养殖的发展模式，因此畜禽粪便清理机械化成为畜禽养殖业发展的必由之路。

自动刮粪设备是当前畜禽养殖场中常用的粪便清洁机械设备，该设备不但能有效减轻人工劳动强度，减少畜禽疾病发生率，还能使圈舍内始终保持良好的空气环境。常见的自动刮粪设备主要由地沟、自动控制系统、刮粪板、驱动电机、转向轮及链条等组成。当设备作业时，在自动控制系统的控制下，驱动电机驱使转向轮和链条拖动刮粪板在圈舍内往返运行，从而进行自动清理粪便作业。与水泡粪模式相比，使用自动刮粪设备清粪所产生的粪污较少、圈舍内环境更好，且更加省时省力，更节约成本。

3.2.2 粪便干湿分离机

当前，我国畜禽养殖业发展迅速，随着畜禽养殖规模的不断扩大，越来越多的养殖场存在着环境污染问题，传统的畜禽粪便处理方式不仅耗水量巨大，人工处理困难，而且对周边生态环境污染严重。而粪便干湿分离机的使用,不仅可以对畜禽粪便进行干湿分离和资源化利用,还可以有效地解决环境污染问题,从而促进绿色养殖的发展。

粪便干湿分离机是对畜禽粪便进行环保处理的设备,该设备可以有效地避免环境污染,同时也能够进一步挖掘畜禽粪便的经济价值,主要适用于生猪、家禽、奶牛(肉牛)等畜禽的粪便分离处理。经过处理后的畜禽粪便不仅不会引发环境污染,还可以转化为肥料实现再利用,在节能环保的同时,能够提高养殖场经济效益。同时,粪便干湿分离机能够帮助养殖者节约成本,经过脱水处理后的粪便不仅黏度小,还可以作为基肥,为土壤补充氮磷钾等微量元素,实现养殖产业的绿色循环发展。

粪便干湿分离机主要由无堵塞污泥泵和螺旋式挤压脱水机两部分组成。无堵塞污泥泵的主要作用是将粪污池内的粪液抽送到螺旋式挤压脱水机中,通过螺旋式挤压脱水机中安装的筛网将脱水后的粪渣向前推进,处理成干粪和粪液两种物质。粪液从分离机下面的粪液排口排出,可输送至蔬菜大棚、果园等需要施肥的田地。而经过分离处理后的半干粪可通过晾晒制作成奶牛发酵床垫料,也可以直接装车进行出售,用于有机肥制作等。

3.2.3　氧化塘法

氧化塘法是充分利用水塘中的"藻菌共生系统"对废水进行生物处理净化的方法,也是目前畜禽养殖场处理污水的有效方法之一,根据供氧方式的不同氧化塘可分为好氧塘、厌氧塘、兼性塘、曝气塘。利用氧化塘法处理畜禽养殖场污水可以构成天然复合生态系统,不但可以较好地净化污水,还可以实现农业用水的循环利用。

3.2.4　畜禽粪便发酵处理设备

畜禽粪便发酵处理设备主要由搅拌机、绞龙提升机、发酵处理箱、皮带输送机等组成。根据微生物有氧发酵的原理,对畜禽粪便进行无害化处理,经过处理后的畜禽粪便不仅可作为粪肥直接还田,还可以作为有机肥及基质原料投入使用。畜禽粪便发酵处理设备的推广与使用,可以有效地解决畜禽粪便会污染环境的问题,从而实现畜牧业绿色循环发展。

3.2.5　撒粪机

撒粪机根据动力不同,可分为自走式电动撒粪机和牵引式撒粪机。自走式电动撒粪机是一种将发酵后的畜禽粪便进行抛洒还田作业的电动农机具,该设备主要以电能为动力进行肥料输送、撒施等作业。自走式电动撒粪机在运行的过程中,由设备厢底部的传送带将发酵后的畜禽粪便向后传送,然后通过撒播盘均匀抛洒还田。牵引式撒粪机则是以拖拉机为动力,利用拖拉机后动力带动设备底部的传送带将发酵后的畜禽粪便向后传送,然后通过撒播盘进行均匀抛洒还田。两种设备均具备作业效率高、撒施均匀、经久耐用等优点,多用于牧场、农田、草地等。

3.2.6 畜禽粪污超高温快速发酵智能一体机

畜禽粪污超高温快速发酵智能一体机由发酵罐主体、主控制系统、排风系统、定量投菌系统、加热系统、搅拌系统等构成。该设备以养殖废弃物为原料，通过添加一定比例的发酵菌剂，对废弃物中的有机质进行生物分解腐熟，从而将其转化成生物有机肥料，有效解决畜禽粪污污染环境的问题，实现粪污资源化利用，保障畜牧业可持续健康发展。

参考文献

[1] 王莲花，王新慧，周旭东，等. 陕西畜牧业节水养殖现状及建议[J]. 畜牧兽医杂志，2024，43(2)：68-71.

[2] 赖建兵，潘卡丽，蒋永健，等. 数字化条件下的猪场饮水节水实践与探究[J]. 浙江畜牧兽医，2023，48(4)：7-9，39.

[3] 张磊，吴志坚，钟志勇，等. 浅谈一种节水母猪定位栏设计要点[J]. 江西畜牧兽医杂志，2020(5)：45-46.

[4] 伍文彬，黄冬玉. 凹墙式猪饮水分流器技术与推广应用[J]. 广西畜牧兽医，2021，37(6)：260-261.

[5] 颜培实，李如治. 家畜环境卫生学 [M].4 版. 北京：高等教育出版社，2011.

[6] 娄薇，王歆，胥翠萍. 浅谈生猪高床养殖方式下漏缝地板的应用[J]. 江西畜牧兽医杂志，2021(5)：19-20.

[7] 陈永从. 生猪高效健康养殖关键技术：发酵床养猪技术的研究与应用[J]. 猪业科学，2024，41(6)：78-80.

[8] 陈静. 生猪发酵床无公害养殖技术[J]. 吉林畜牧兽医，2024，45(7)：61-63.

[9] 王友生. 发酵床养猪技术应用探讨[J]. 特种经济动植物，2024，27(7)：159-161.

[10] 陈祖鸿，符世雄，宋汝谋，等. 发酵床养牛技术及其推广应用[J]. 贵州畜牧兽医，2018，42(3)：25-29.

[11] 涂志，魏铭宏. 喷淋降温在畜牧生产中的应用[J]. 畜禽业，2023，34(5)：21-24.

[12] 徐燕，李艺男，田雨，等. 热应激环境下牛舍智能喷淋系统的应用[J]. 中国奶牛，2023(8)：44-47.

[13] 王海棚，刘守铉，王艳丰，等. 夏季猪场管理技术要点[J]. 河南农业，2021(30)：58-59，62.

[14] 晁行周，梁敏，邓素军，等. 猪场设施改造中“风机 + 水帘”通风系统常见问题及解决方案[J]. 广东畜牧兽医科技，2021，46(6)：21-22，31.

[15] 唐福林，唐健. 试论农田水利工程的滴灌技术推广应用[J]. 新农民，2024(20)：40-42.

[16] 晁娟娟，李宏，李迎鸽. 陕西省畜禽粪污资源化利用现状与思考[J]. 畜牧兽医杂志，2024，43(4)：83-87.

[17] 郑鹏宏，张金秀. 畜禽粪污资源化利用技术创新及其对农业生态系统的影响[J]. 现代畜牧科技，2024(7)：112-114.

[18] 徐永洞，刘志丹. 以粪污水热资源化为核心的高效种养结合系统分析与展望[J]. 农业工程学报，2024，40(12)：1-12.

[19] 刘琳. 一种刮粪作业装置的设计[J]. 农业科技与装备，2023(5)：37-38.

[20] 马千里. 粪便干湿分离机在养殖场污染中的应用推广[J]. 畜禽业，2020，31(1)：30.

[21] 张同平. 畜禽养殖场污水的处理与利用[J]. 畜牧兽医科技信息，2018(12)：60-61.

[22] 方志杰. 生物滤池—氧化塘组合技术处理农村污水的试验与研究[D]. 株洲：湖南工业大学，2020.

[23] 李瑜，白璐，姚慧敏. 谈氧化塘法处理集约化畜禽养殖场污水[J]. 现代农业科技，2009(5)：248，253.

[24] 吴晓梅，叶美锋，吴飞龙，等. 氧化塘工艺对规模化养猪场沼液的处理效果研究[C]//. 福建省农业科学院农业工程研究所. 环境工程：2017 增刊 2 下册.2017：4.

第 4 章　天津市规模畜禽养殖场节水技术案例

4.1　生猪养殖节水技术案例

案例一　天津新六农牧科技有限公司

一、企业基本情况

天津新六农牧科技有限公司成立于 2020 年 6 月，位于天津市滨海新区小王庄镇南和顺村村委会南 300 m，是一家生猪养殖民营有限责任公司，于 2022 年被评为国家级生猪产能调控基地，于 2023 年被评为天津市龙头企业。公司占地面积合 114.5 hm^2，配套消纳用地约 212 hm^2。设计存栏规模为 21.6 万头，设计年出栏规模 43.2 万头。公司全景及正门见图 4-1 和图 4-2。

图 4-1　天津新六农牧科技有限公司全景

二、节水设备

1 ）饮水设备

猪场饮水设备由“水嘴 + 水管 + 不锈钢碗”组成。猪场饮水设备见图 4-3。

图 4-2　天津新六农牧科技有限公司正门

图 4-3　猪场饮水设备

2）粪污处理系统

猪舍内养殖区域分为上下两层，中间用漏缝地板隔开。上部为养殖区，下部为粪尿收集区。猪生活在漏缝地板上，猪粪尿产生后即通过漏缝地板流入猪舍下部的粪尿收集区。每个单元粪尿收集区内地坪中间设排粪渠，产生的粪尿由于重力作用横向流入排粪渠。排粪渠内粪尿由于重力作用纵向流入中转池，经泵提升至集污池，再经固液分离后液体进入污水处理系统，固体渣送粪肥车间处置加工成有机肥。废水经管道排至污水处理系统进行处理，处理后的废水可用于附近的农田灌溉利用。猪舍内粪污处理系统见图 4-4，猪舍内漏逢地板见图 4-5，猪舍下部粪尿收集区见图 4-6。

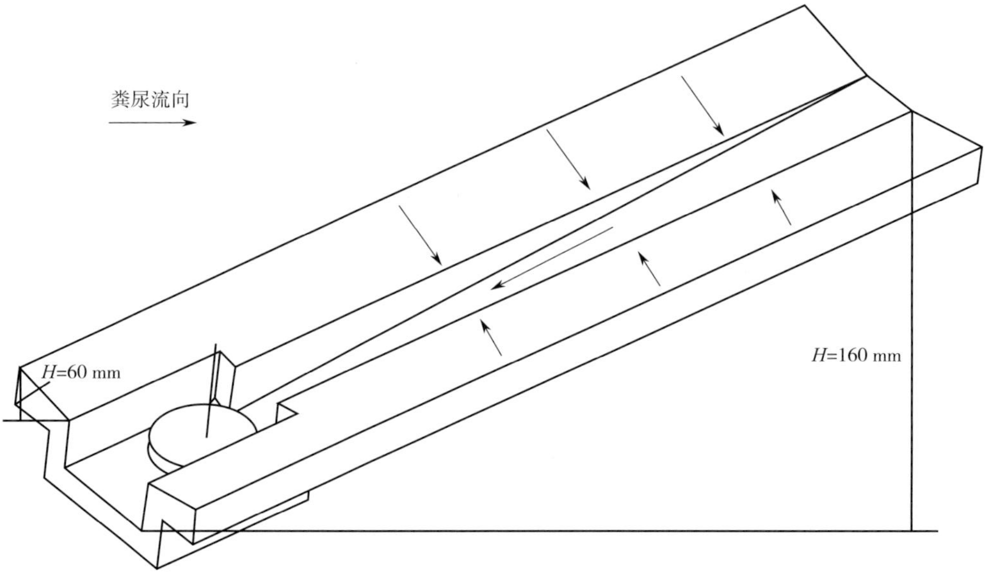

图 4-4　猪舍内粪污处理系统

图 4-5　猪舍内漏缝地板

固态猪粪处理工艺流程如下。

猪舍→粪污固液分离→固体粪便→一次发酵→强制通风静态垛→腐热→二次发酵→肥料→农业利用

污水处理工艺流程如下。

猪舍→粪污固液分离→液体粪污→集污池→污水调节池→分离机→高效厌氧池（UASB 反应器）→氧化塘→农田灌溉利用

图 4-6　猪舍下部粪尿收集区

3）猪舍环境控制系统

猪舍配备智能环境控制系统，综合考虑猪只日龄、时段、舍内外温湿度、风机风量、栋舍气体浓度等因素，实现风机、湿帘、通风小窗、暖风炉、喷淋等设备的自动启停。猪舍降温采用“湿帘 + 风机”方式。湿帘是一种蜂窝结构特种纸质材料，工作时水在重力的作用下自上向下流，在湿帘波纹状的纤维表面形成水膜，空气经过湿帘时与湿帘表面的水膜发生热量交换实现降温。自动环境控制系统见图 4-7，湿帘降温系统见图 4-8，喷淋设施见图 4-9。

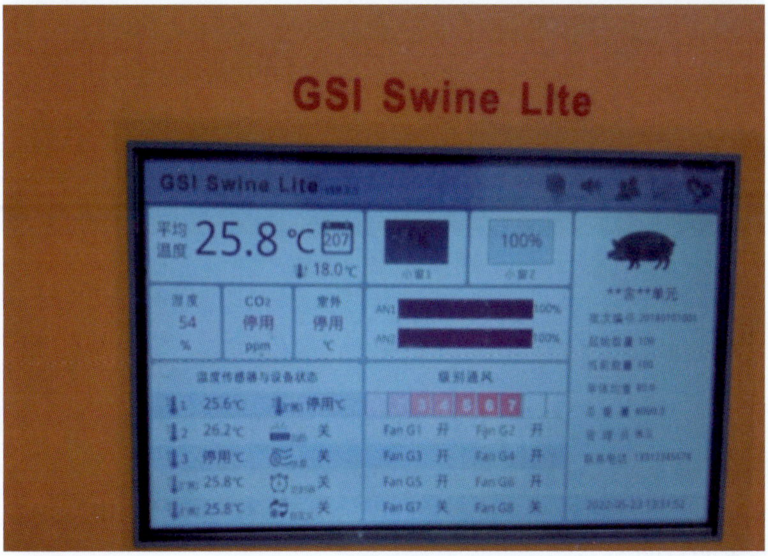

图 4-7　自动环境控制系统

图 4-8　湿帘降温系统

图 4-9　喷淋设施

三、节水措施

1)养殖环节

(1)减少生猪饮水浪费。猪饮水时拱动压板,压板推动出水阀,水从水管流入水碗供猪饮用;饮水后,压板在弹簧作用下复位,切断水路,停止供水。由于环保节水碗的水嘴位置比较靠下,水碗边缘较高,达到一定水位线,猪需把碗中的水饮用完才可以继续拱动水嘴,以此达到节水的目的。

育肥舍每个单元的猪栏里都嵌入多个饮水碗,形如无把盅体,横向设置,碗口朝猪圈内,底部中央设有自动饮水嘴、下部设有排水口、底部设固定孔,可直接用固定片和螺丝将其固定在围栏上或者墙壁上，连接水管即可使用。猪饮水时，猪嘴触碰饮水嘴，水从水管中流入水碗里供猪饮用；猪嘴不触碰出水阀门，饮水嘴在内部弹簧作用下复位切断水源，停止供水，减少了水的浪费。

（2）节约夏季降温用水。猪舍夏季降温采用“湿帘＋风机”方式。通过猪舍配备的智能环境控制系统，可以精准地控制风机、湿帘的开启时间和工作时间，同时对湿帘用水或喷淋用水进行收集，循环使用，实现猪场水资源的节本增效。

（3）粪污处理环节。经猪场处理后的粪污可在配套的消纳土地实现还田利用，可节约农田的浇灌用水和化肥的使用，实现种养结合、资源化利用。

2）日常管理环节

公司坚持“多节水、少浪费、水资源综合再利用”的原则，合理配置水资源。改进饮水器设计，选用流量控制或按需供水系统，避免出现传统饮水方式中水的持续溢流和浪费现象，结合自动化控制及回收利用部分排泄物中的水分等各种方式实现高效节水的目标。

四、节水成效

1）经济效益

猪场采用的节水设备可以显著减少水的消耗，直接降低养殖场的水费支出。合理的水分管理有助于提升动物健康水平和生长速度，减少疾病发生，从而提高养殖产量和品质，增加生产效率和经济效益。另外，高效节水系统往往产生更少的维护需求，减少因漏水或系统故障而产生的维修成本。

2）社会效益

采取节水措施，有助于提升企业的社会责任形象。养殖场提供的节水技术应用实例，可以供同行业或其他领域学习和借鉴，从而推动整个社会树立节水意识并投入实践。另外，节水设备的安装、维护和升级需要专业的技术人员，为当地提供了新的就业机会。

3）生态效益

猪场采用节水设备、配套水处理设施能有效减少养殖废水排放，避免出现周边水体富营养化和水质污染现象，从而保护水生生态系统，有助于维持原有水域的生态平衡，保护生物多样性。由于抽水、加热和处理水都需要能源，节水的同时往往可以节约能源，从而减少温室气体排放，有利于对抗气候变化。

案例二　天津农垦康嘉生态养殖有限公司第一分公司

一、企业基本情况

天津农垦康嘉生态养殖有限公司隶属于天津食品集团，成立于2008年5月，是集种猪育种、繁育和商品猪生产为一体的专业化生猪养殖公司。公司致力于发展都市型现代养猪业，以“打造国内一流种猪育种企业，创天津生猪养殖第一品牌”为发展目标。

天津农垦康嘉生态养殖有限公司第一分公司位于天津市宝坻区大钟庄镇农场。猪场采用新一代楼房养猪模式，着力打造集约化、标准化、现代化的绿色可持续发展养殖基地。公司始建于2020年，于2023年3月正式投产，企业场区总占地面积约10 hm^2，有两栋7层楼房猪舍，共6 000 m^2，猪场全部实施标准化养殖管理，具备自动饲喂、自动清粪、智能化监控、智能化生产等先进技术和设备，是一家专业化和生产全过程机械化、自动化、可视化、信息化、集约化的养殖公司，主要培育优良种猪和优质商品猪育肥。公司设计存栏规模5.4万头，年出栏规模12万头，目前存栏生猪1.8万头，年可供种猪4.8万头，商品猪7.2万头。员工总人数64人，其中专业技术人员42人。公司全景见图4-10。

图4-10　天津农垦康嘉生态养殖有限公司第一分公司全景

二、节水设备

1）饮水设备

生产区猪只饮水设备采用独立节水碗，节水碗采用加深设计，使用起来可以充分满足猪的饮水需求。同时，水碗的合理设计使其用起来可以有效减少水资源浪费，降低猪场排污量。保育舍碗式饮水器见图4-11，产房碗式饮水器见图4-12。

图 4-11 保育舍碗式饮水器

图 4-12 产房碗式饮水器

2. 猪舍冲洗设备

生产区猪舍冲洗时使用高压冲洗机代替普通水管。高压冲洗机可以对水进行加压,因此形成的冲力较大。采用高压冲洗机代替普通水管冲洗猪舍,用水量会大大减少,并且更容易冲洗干净。

3)粪污处理系统

猪场采用机械刮板进行清粪。粪污处理系统包括污水达标治理系统、沼气净化及处理系统、除臭系统等,漏缝地板见图 4-13;污水贮存池见图 4-14,厌氧发酵罐见图 4-15。

图 4-13　漏缝地板

图 4-14　污水贮存池

4）猪舍环境控制系统

猪舍配备了自动环境控制系统，夏季通过“湿帘＋风机”调节温度，不但可减少降温用水，还能大幅降低污水产生量。湿帘见图 4-16，风机见图 4-17。

图 4-15　厌氧发酵罐

图 4-16　湿帘

三、节水措施

1）控制饮水系统流速

猪场安装了智能节水监控系统，可实时监测水的使用情况，并根据数据变化合理调整用水。同时，智能化管理可以确保节水措施的有效实施和持续优化。智能节水监控系统见图 4-18。

图 4-17　风机

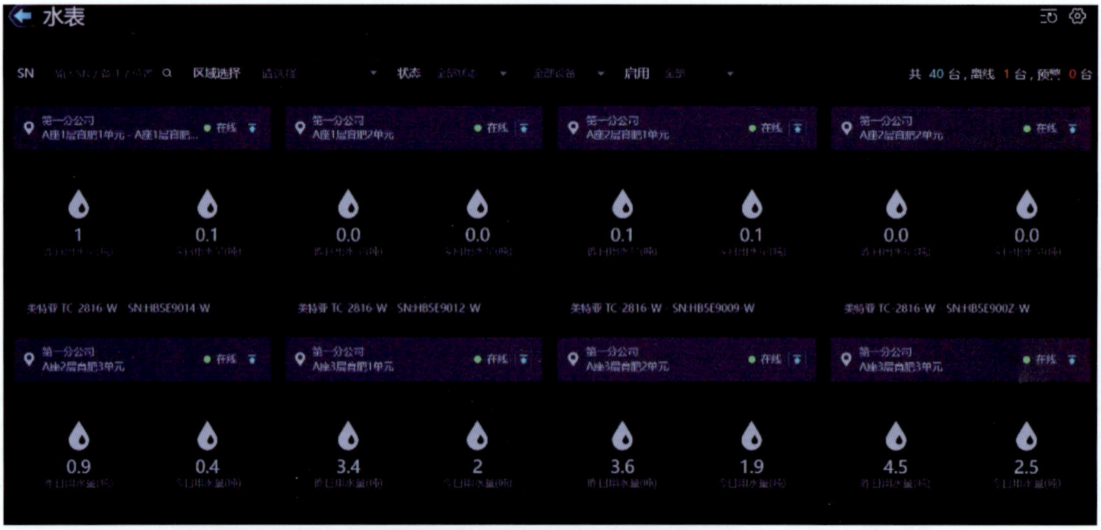

图 4-18　智能节水监控系统

2）粪污处理系统回水循环利用

猪场粪污首先经机械格栅过滤掉猪毛、胎衣等难降解的物质，然后经立轴搅拌机搅拌后进入固液分离系统，固液分离后，进入调节池，之后泵入两级厌氧发酵罐进行全混式厌氧发酵，产生的沼气贮存于落地储气囊中，然后经过络合铁脱硫及冷干机脱水处理后，用于沼气发电自用。厌氧发酵产生的渣液依次进入混凝絮凝初沉系统、两级 A/O 系统和混凝絮凝沉淀系统后，出水自流进入撬装式沼液深度过滤集成装置，进一步去除细小的悬浮性和胶体性物质，最后存入沼液贮存氧化塘灌溉还田利用，实现了循环利用。粪污处理工艺流程见图 4-19。

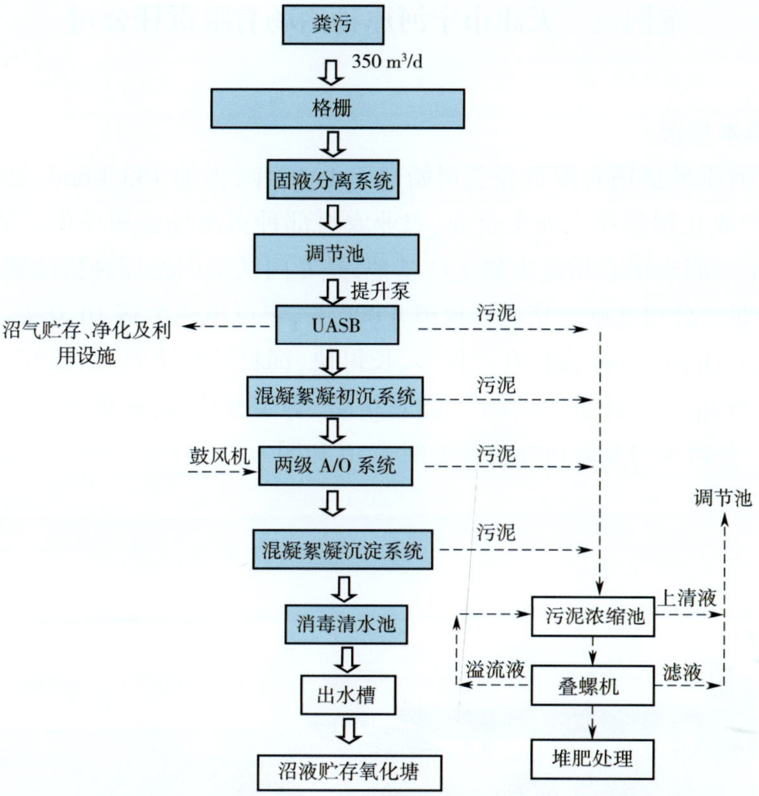

图 4-19　粪污处理工艺流程

3）培养职工节水意识，建立用水责任制

公司注重培养猪场工作人员的节水意识，帮助猪场工作人员特别是各猪舍饲养员养成节约用水的习惯，建立用水量责任制。每栋猪舍都安装了一个智能水表，定期统计用水量，对超过规定用水量的猪舍饲养员进行提醒，对未超过规定用水量的猪舍饲养员给予物质和精神上的奖励。拥有良好节水意识的员工会主动减少不合理冲洗猪栏的次数，并会定期检查饮水器状态，从而节约用水。

四、节水成效

1）经济效益

通过采取节水措施，每年可节约用水 2 万 t，按照 4.9 元/t 计算，可节约 9.8 万元，经济效益显著。

2）社会效益

公司通过培养员工的节水意识、开展节水相关知识培训、建立节水激励机制等措施，带动集团其他生猪养殖企业及周边养殖企业开展节水行动，产生了较好的社会效益。

3）生态效益

公司遵循绿色化、规模化、现代化的养殖方式，在猪场采用节水措施减少了源头污水的产生，将末端产生的污水进行处理后用于农田，实现了绿色低碳、资源循环、环境友好，提高了生态效益。

案例三　天津市宁河原种猪场有限责任公司

一、企业基本情况

天津市宁河原种猪场有限责任公司始建于 1978 年，占地 133.4 hm^2，是国家生猪核心育种场、农业产业化国家重点龙头企业、农业农村部种畜禽场疫病净化示范场、首届百强养猪企业、第十三届全运会指定生猪生产基地，是专门从事引进原种猪纯繁、选育、推广的集团式国有企业。公司基础母猪设计规模 4 000 头，年可出栏生猪 10 万头，供种能力 3 万头，自主培育的“天河”牌种猪具有产仔多、长得快、饲料转化率高、肉质好、瘦肉率高等特点，获“中国品牌猪”“天津著名商标”“津农精品”等荣誉称号，种猪销畅全国 30 个省、自治区、直辖市。公司大门及公司办公楼见图 4-20 和图 4-21。

图 4-20　天津市宁河原种猪场有限责任公司大门

图 4-21　天津市宁河原种猪场有限责任公司办公楼

二、节水设备及技术

1)饮水设备

公司生猪饮水设备采用碗式饮水器。碗式饮水器密闭性好,可靠耐用,出水稳定,水量充足,饮水不会溅洒,容易保持栏舍干燥,减少了饮用水浪费和污水的产生量。磁式饮水器包括产房磁式顶水器、保育舍磁式饮水器和育肥舍磁式饮水器等。产房碗式饮水器见图 4-22,保育舍碗式饮水器见图 4-23,育肥舍碗式饮水器见图 4-24。

图 4-22　产房碗式饮水器

图 4-23　保育舍碗式饮水器

图 4-24　育肥舍碗式饮水器

2)猪舍冲洗设备

公司使用高压节水冲洗设备进行圈舍冲洗,可提高冲洗效率,节约 63% 的用水量;使用高效节水喷淋系统,通过细小喷嘴和高压水流进行清洗、消毒,以降低用水量;根据清洗、消毒位置和需求设置分区,避免不必要的清洗。净水设备见图 4-25,猪舍高压冲洗设备见图 4-26。

图 4-25　净水设备

图 4-26　猪舍高压冲洗设备

3）猪舍环境控制系统

猪舍内的环境温度是影响舍内环境的关键。当环境温度超过猪生长的适宜温度时，会出现猪的呼吸频率加快、喜玩水和躺卧潮湿处、采食量下降等现象，常用的传统方法是用水进行喷淋降温来缓解猪的热应激，但会造成用水量大幅增加，与寒冷季节相比用水量甚至会翻倍，导致猪场在炎热季节用水紧张和污水处理量大幅增加。

公司采取“湿帘 + 风机”的降温方法，不但可减少降温用水，还能大幅降低污水产生量。对于生长育肥舍、配种妊娠舍、公猪舍和后备猪舍，因同一舍内饲养的猪群对环境温度和风速的要求比较一致，采用湿帘负压通风的降温措施容易达到舍内各猪只对温度的要求；但对于分娩舍，因同一舍内既有哺乳仔猪，又有泌乳母猪，二者对温度和风速的要求相差巨大，哺乳仔猪要求最高风速不超 0.2 m/s，泌乳母猪要求最高风速不超 2.5 m/s，采用水帘正压通风方式，既能解决猪热应激的问题，又能减少用水量。降温湿帘见图 4-27，风机见图 4-28，环境控制器见图 4-29。

图 4-27　降温湿帘

图 4-28　风机

图 4-29　环境控制器

4）粪污处理系统

（1）采用机械干清粪工艺。

清粪工艺对猪场生产用水影响巨大，采用节水清粪工艺可大幅度降低猪场生产用水量和污水产生量。公司采用机械干清粪，猪栏地板为漏缝地板，下面设置可安装机械刮粪装置的地沟，与水冲粪相比可节省 48% 以上的栏舍清洗用水，且人工劳动强度降低，可节约劳动力，功效显著。

（2）建设污水处理设施，实现污水循环利用。

猪场生产中产生的污水通过污水处理设施进行沉淀、发酵、氧化、曝气等处理后，用于农田灌溉，达到循环利用水资源、减少废水排放的目的。

粪污处理工艺流程见图 4-30，自动机械清粪系统见图 4-31，厌氧发酵罐见图 4-32，污水贮存池见图 4-33。

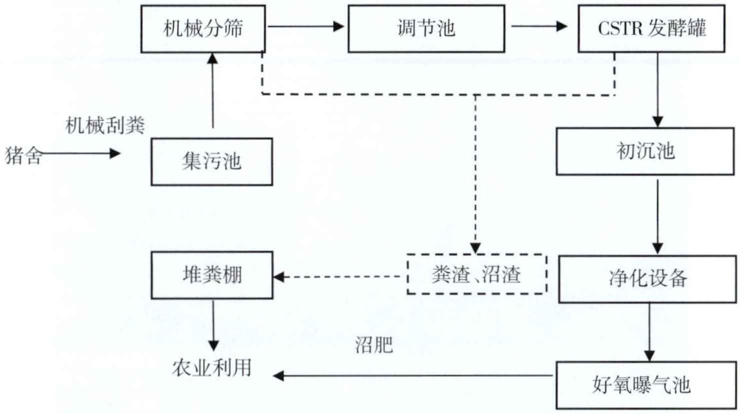

图 4-30　粪污处理工艺流程

图 4-31　自动机械清粪系统(组图)

图 4-32　厌氧发酵罐

图 4-33　污水贮存池

三、节水措施

目前，公司采用节水养殖技术模式，从升级设备工艺、改善节水措施等方面，提高水资源高效利用率，助推产业发展。

1）控制饮水系统流速

猪场采用碗式饮水器。要求饮水器每分钟出水量约为：0.25 L（哺乳仔猪）、1 L（保育仔猪）、1.5 L（生长育肥猪）、2 L（成年猪）。同时，在群养情况下，要求每 10~15 头猪配置 1 个饮水器。通过控制饮水系统流速，减少水资源浪费。

2）开展节水培训和提升节水管理意识

针对生产人员开展节约用水实际操作、管理制度、节水意识和用水管理能力培训，努力提高员工节水意识和用水管理能力。

3）建立日常监测和管理制度

公司建立节约用水制度，形成日常动态管理。一是通过水表监测用水量，及时发现和纠正用水异常情况；二是建立污水产生量监测体系，定期对猪场的污水量进行监测和分析；三是确保节约用水制度和措施落实到位，实现用水和节水的优化。水表见图 4-34。

4）饮水设备设施的修护

公司定期检查饮水设备设施，及时修复漏水管道、更换漏水饮水器，避免设备设施的损坏造成水资源浪费；定期清洗水槽和水管，保持清洁，避免水质受到污染。

5）圈舍用水批次化管理

公司采用全进全出饲养方式，合理控制冲洗批次，避免过度冲洗造成浪费。同时，公司要求在合适的时间段进行清洗，如早晨或晚上，避免高温时水分蒸发过快，以减少用水量。

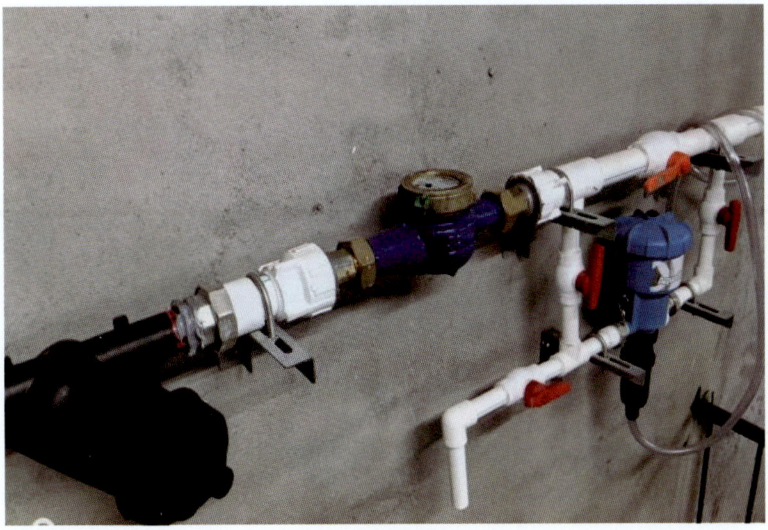

图 4-34　水表

四、节水成效

1）经济效益

公司通过各项技术措施和管理制度综合节水50%以上，按每头猪日用水量节约10 L计算，每年可节约用水109 500 t，按照水价2.4元/t计算，每年可节约水费26.28万元，同时可减少污水处理费用21.9万元，年成本总计降低48.18万元，有效降低了养殖成本，效益明显。同时，减少污染物排放能够降低疾病传播风险，促进生猪健康生长，提高其生产性能、产品品质和市场竞争力。

2）社会效益

通过节约用水措施，可降低养殖污水产生量，实现节能减排，同时通过示范带动周边养殖生猪50万头，实现社会效益600余万元，促进了国民经济和社会发展，有利于社会稳定。

3）生态效益

通过各种养殖节水措施，不仅降低了公司的清水用量，而且减少了污水处理量，缓解了生猪产业发展与生态保护之间的矛盾，保证水资源可持续利用，养殖业可持续发展。

案例四　天津市农康养殖有限公司

一、企业基本情况

天津市农康养殖有限公司位于天津市武清区黄花店镇甄营村西，主要生产大白纯种猪、长大二元猪、商品猪、优质猪肉及猪肉加工产品，设计存栏规模 15 000 头，年出栏规模 30 000 头，现存栏 4 534 头。场区总占地面积 9 万 m^2，育肥舍 15 栋，共 8 250 m^2，另建有办公、生活、生产等区域，水电设施完善，布局合理。企业先后获得“天津市科学进步奖”“安佑杯 2017 寻找中国美丽猪场公益活动北部寻找赛区金奖”“农康风味猪肉荣获长街中国好猪肉嘉年华品评赛现代二等奖”称号。公司大门见图 4-35。

图 4-35　天津市农康养殖有限公司大门

二、节水设备

1）饮水设备

生猪饮水设备由饮水器体、阀杆、球体及滤水网组成。饮水设备见图 4-36。

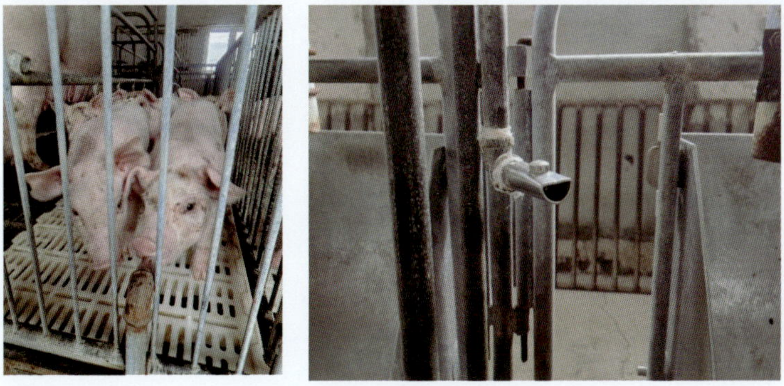

图 4-36　饮水设备（组图）

2)降温系统

猪场夏季采用“湿帘 + 风机”降温。湿帘采用新一代高分子材料,具有高吸水、高耐水、抗霉变、使用寿命长等优点,而且其蒸发表面积大,降温效率达 80% 以上,不含表面活性剂,自然吸水,扩散速度快,效能持久。一滴水 4~5 秒钟即可扩散完毕。风机见图 4-37,湿帘见图 4-38。

图 4-37 风机

图 4-38 湿帘

三、节水措施

1）饮水环节

猪只饮水时用猪嘴顶推阀杆，使之向上顶起钢球，水由钢球和饮水器之间的缝隙流出，供猪只饮用。猪只饮毕后钢球和阀杆靠自重复位，同时在水压作用下封闭水流出口，有效防止水浪费，节约了水资源。

2）夏季降温

夏季降温采用“湿帘 + 风机”方式，不仅可以给猪舍带来新鲜空气和降低温度，还能实现节能环保的目标。湿帘中的用水可循环使用，减少了水的使用量。

3）粪污处理环节

猪场采用尿泡粪工艺结合沼气模式处理粪水，根据季节不同，日污水产生量为 35~60 m^3。公司建有 800 m^3 沼气处理罐一座，日处理污水能力 80 t；建有堆粪棚 200 m^2，对粪便采用堆积发酵的处理方式。污水处理和猪粪生物发酵技术能够使资源再生，将处理后的污水用于种植、养鱼、生态农业，既节约了水资源，又产生了良好的生态效应，实现了资源的循环利用。吸粪车见图 4-39，粪污厌氧发酵罐见图 4-40，污水贮存池见图 4-41，堆粪棚见图 4-42。

图 4-39　吸粪车

四、节水成效

1）经济效益

在养殖环节中，每年饮水节水 600 t，夏季降温节水 1 100 t，全年可节约用水 1 700 t。在粪污处理环节中，每年饮水节水 900 t，喷淋节水 1 000 t，全年可节约用水 1 900 t。

通过各项技术措施和管理制度，企业每年可节约用水 3 600 t，按照水价 8 元 /t 计算，每年可节省资金 2.88 万元，同时减少污水处理费用 5 万多元，经济效益明显。

图 4-40　粪污厌氧发酵罐

图 4-41　污水贮存池

2）社会效益

猪场通过组织参观、培训、科普等方式，带动了周边的养殖场加入节约用水的行动中来，促进了国民经济和社会的发展，有利于社会稳定。

3）生态效益

猪场在日常生产中采取各种节水措施，不仅降低了场区的清水用量，而且减少了污水处理量，缓解了养殖发展与生态保护之间的矛盾，实现了水资源可持续利用，带来了良好的生态效益。

图 4-42　堆粪棚

案例五　天津牧泰养殖有限公司

一、企业基本情况

天津牧泰养殖有限公司，位于天津市蓟州区侯家营镇林庄户村东，始建于 2021 年，公司占地面积 18 512.34 hm^2，总建筑面积 16 000 多平方米，有妊娠舍 7 栋、保育舍 6 栋、育肥舍 9 栋、产舍 6 栋。公司生猪养殖品种为加系大白、长白，主要生产仔猪、商品猪。养殖场可存栏 1 000 头能繁母猪，年可供优质商品仔猪 20 000 头以上。公司全景见图 4-43。

图 4-43　天津牧泰养殖有限公司全景

二、节水设备

1）饮水设备

天津牧泰养殖有限公司生猪饮水设备采用碗式饮水器。碗式饮水器及漏缝地板见图 4-44。

2）降温设备

猪场采用“湿帘 + 风机”的降温方式，湿帘见图 4-45，风机见图 4-46。

3）粪污处理设备

猪场采用尿泡粪工艺，猪粪尿通过漏缝地板进入猪舍下部的集粪沟内，定期用吸污泵将其抽到粪污处理区的集污池，用固液分离机进行固液分离，液体进入集污池，固体堆积到堆粪棚。集污池见图 4-47，堆粪棚见图 4-48。

图 4-44　碗式饮水器及漏缝地板

图 4-45　湿帘

图 4-46　风机

图 4-47　集污池

图 4-48　堆粪棚

三、节水措施

1）改善饮水设施，减少饮用水浪费

猪场采用碗式饮水器，比传统饮水器节水 50% 以上，而传统饮水器浪费的水往往流入粪污之中，增加污水处理量，因此采用碗式饮水器可减少污水的产生量。

2）采用机械通风，减少降温用水

为解决猪热应激的问题，采取“湿帘 + 风机”的降温方式是目前比较行之有效的方法。猪场夏季采用“湿帘 + 风机”的降温方式，不但可减少降温用水，同时可减少清洁用水和饮水器浪费，大幅降低了污水产生量。

3）粪污资源化利用，节约水资源

对猪舍内粪污采取尿泡粪的收集方式。猪场产生的猪粪尿和冲洗地面污水，由天津蓟丰源生物科技有限公司利用粪污运输车定期抽取并运送至附近苗圃内，对其进行处理后加以利用，节省了水资源，实现了粪污资源化循环利用。

四、节水成效

1）经济效益

通过改善饮水设施，采取“湿帘 + 风机”的降温方式，全年可节水 8 000 t 以上，节约 3.92 万元。

2）社会效益

通过组织各类参观、科普等方式，带动了周边众多的养殖场纷纷加入节约用水的行动中来，促进了国民经济和社会发展，有利于社会稳定。

3）生态效益

猪场采取的各种节水措施，不仅降低了猪场的清水用量，而且减少了污水处理量，缓解了养殖场发展与生态保护之间的矛盾，保证水资源可持续利用，产生了较好的生态效益。

案例六　天津市蓟州区淑芹生猪养殖场

一、企业基本情况

天津市蓟州区淑芹生猪养殖场位于天津市蓟州区下营镇下营村，始建于 2023 年，公司占地面积 0.66 hm^2，总建筑面积约 2 600 m^2，有育肥舍 1 栋。养殖场生猪养殖品种为加系大白、长白，主要生产商品猪。养殖场设计存栏规模 1 800 头，年可供优质商品猪 3 600 头。养殖场门口见图 4-49。

图 4-49　天津市蓟州区淑芹生猪养殖场门口

二、节水设备

1）饮水设备

猪场猪只饮水采用碗式饮水器。饮水器为不锈钢材质，猪饮水时猪嘴推动浮子使阀芯偏斜，水即流入杯中供猪饮用；当饮毕离开时，阀杆靠回位弹簧力复位，即可停止供水。浮子有限制水位的作用，它随水位上升而上升，当水位上升到一定高度，猪嘴就无法触碰浮子，阀杆复位后停止供水，避免水过多渗出及猪玩水。碗式饮水器见图 4-50。

2）降温设备

猪场夏季降温采用"湿帘 + 风机"方式，湿帘中的降温用水可循环使用，节约了降温用水量。风机见图 4-51，湿帘见图 4-52。

图 4-50　碗式饮水器

图 4-51　风机

图 4-52　湿帘

3)粪污处理设备

猪场采用尿泡粪工艺。猪舍粪污通过舍内漏缝地板进入猪舍下方的粪污收集池,经过抽吸进入固液分离机分离后,固体进入堆粪棚,液体进入地下污水贮存池。漏缝地板见图4-53,固液分离机见图4-54,堆粪棚见图4-55,地下污水贮存池见图4-56。

图 4-53　漏缝地板

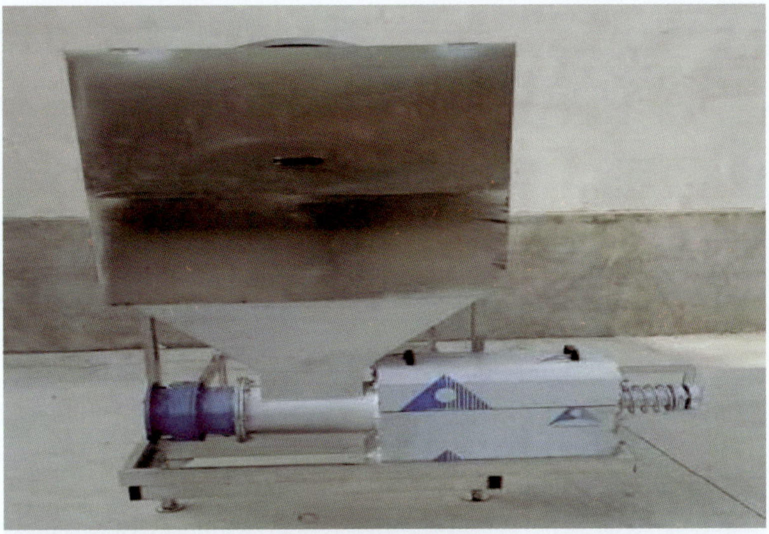

图4-54 固液分离机

图4-55 堆粪棚

三、节水措施

1）改进饮水设备，节约用水

猪场改进饮水设备，减少用水量并从源头上减少畜禽养殖废弃物的总量，同时降低末端处理的难度和成本，实现了猪场的节水减排目标。

2）改变降温方式，减少降温用水

夏季猪舍降温，多采用喷淋方式，直接将水喷洒到猪身上，水在猪身体表面蒸发可将热量带走。虽然起到了降温作用，但是大大增加了用水量和污水处理量。采取"湿帘＋风机"的降温方式是目前行之有效的方法，不但可减少降温用水，而且可减少清洁用水和饮水器浪费，大幅降低污水产生量。

图 4-56　地下污水贮存池

3）粪污资源化利用

猪舍的猪粪尿和冲洗地面污水经抽粪泵和管道排至化粪池内，由粪污运输车定期运送至附近农田加以利用，既能节约灌溉农田用水，也可替代部分化肥的使用，从而实现种养循环。

四、节水成效

1）经济效益

公司全年可节水 3 000 t 以上，按照 4.9 元 /t 计算，可节约 1.47 万元。

2）社会效益

通过猪场节水，加强用水管理，不仅在猪场内实现节水，也能带动员工在生活中节水，并将节水宣传推广到周边的养殖场，从而取得良好的社会效益。

3）生态效益

通过采取节水措施，不仅降低了猪场的清水用量，而且减少了污水产生量，处理后的污水用于农作物种植，实现了种养结合，能够取得较好的生态效益。

4.2　奶牛养殖节水技术案例

案例一　天津嘉立荷牧业集团有限公司第七奶牛场分公司

一、企业基本情况

天津嘉立荷牧业集团有限公司第七奶牛场分公司隶属于天津食品集团旗下的天津嘉立荷牧业集团有限公司，是公司下属的 15 个牧场之一，位于天津市宁河区潘庄镇。该场于 2003 年筹建，2004 年投入使用，场区占地面积 26.7 hm^2，共有在职员工 93 人，主要经营奶牛养殖和生鲜乳销售业务。牛场现存栏奶牛 3 000 头，其中成母牛 1 650 头，后备牛 1 350 头，成母牛年平均单产 12.2 t。整个场区共有牛舍 10 栋、挤奶厅 1 座、产房 1 栋、粪污处理系统 1 套、青贮窖 10 座，存贮青贮 25 000 t。该公司先后获得 ISO9000 认证、全国农垦现代农业示范区、国家绿色产品 A 级生产单位、国家学生奶奶源生产基地、中国良好农业规范认证证书等荣誉。目前与内蒙古蒙牛乳业（集团）股份有限公司（以下简称蒙牛乳业）合作，生产的生鲜乳全部供应蒙牛乳业，供其生产特仑苏商品奶使用。公司正门见图 4-57。

图 4-57　天津嘉立荷牧业集团有限公司第七奶牛场分公司正门

二、节水设备

1）喷淋系统

该场在牛舍和挤奶厅都安装了喷淋系统。牛舍为自然通风式，同时配备了风扇、喷淋降温系统，使用喷淋感应器，通过智能感应，定时循环喷淋，在提高降温效率的同时，达到了节约用水的目的。在挤奶厅于奶牛站台上方安装自动喷淋系统，以隔离门为感应点，牛只进门后隔离门关闭，喷淋间歇式开启，且喷淋的时长及间隔时间均可调整，避免出现水资源浪费或喷淋不到位的现象。尤其在夏季中热应激期间，其能够有效地发挥防暑降温效果，提高奶牛福利和保障其生产性能的发挥。挤奶厅牛舍站台自动喷淋系统见图4-58。

图4-58 挤奶厅牛舍站台自动喷淋系统

2）粪污处理设施设备

奶牛产生的粪尿需要及时清理，以保持牛舍的清洁和卫生。牛舍用水除了饮用水、降温喷淋用水，还包括冲洗奶牛身体和牛舍地面的用水。夏季喷淋用水、冲洗奶牛身体和牛舍地面用水量较大。为了缩减水的使用量，该场配备了一套完整的粪污处理系统，以处理奶牛产生的粪尿及挤奶厅产生的废水。该系统每日最大进料量200 m³，粪污在发酵罐中停留20天左右进行厌氧发酵，每天产生沼液160 m³、沼渣40 m³、沼气4 000 m³，沼渣晾晒后用于卧床垫料，沼气用于奶厅、食堂、沼气罐的加热，多余的沼液用于农田灌溉，既环保又节约了水电成本。牛场周边配套80 hm² 农田，用于种植饲草和沼液还田，实现了种养一体化。粪污处理流程见图4-59。

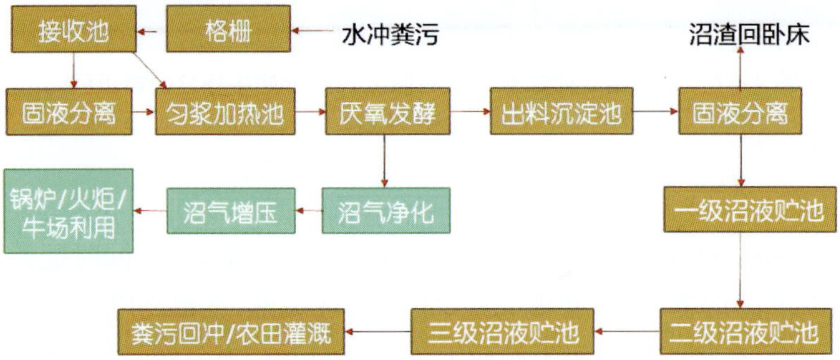

图4-59 粪污处理流程

三、节水措施

1）精准喷淋改造

对待挤厅的喷淋设施进行改造。喷淋管道由原来的纵向改为横向，以赶牛器为感应点控制电磁阀的开关，实现赶牛器前端喷淋的间歇式开启，后端喷淋停止，以实现节约用水的目的。待挤厅喷淋改造后见图 4-60。

图 4-60　待挤厅喷淋改造后

2）修旧利废

该场在废旧塑料桶内安装浮球阀作为高压水枪的上水装置，见图 4-61，代替原有的自来水管，在桶内添加消毒剂，实现清洗、消毒、节水、提高效率的目的。

3）规划水循环利用

在奶牛养殖中，大量的水被用于冲洗挤奶设备和奶牛粪尿。减少挤奶厅用水量是奶牛场节水的重要环节。该场现有挤奶厅 1 座，配备两套 2×24 坑道并列式利拉伐谛波罗挤奶机，每天负责 1 500 头泌乳牛的挤奶任务，每小时挤奶 4.5 批次。为了节约用水，该场对水进行循环利用；在挤奶厅门口建立了 2 个废水收集池，同时在挤奶厅挤奶罐中安装了电磁阀。利用电磁阀工作原理，实现管道冲洗水收集备用，大大提升了回收水的质量，减少了新水量的补给。废水收集池见图 4-62。

4）提升节水载体建设

一是安装使用水表，在水塔、挤奶厅、沼气站、水槽、生活区等各用水区域安装水表 91 块，每间隔 10 天统计用水量。二是在生活区内水龙头上全部安装起泡器，将水龙头的水进行起泡化处理，扩大水流与物体的接触面积，提高清洗和冲洗的效率。起泡器的使用可以使水龙头节水 50% 左右。三是在热水器上安装 IC 卡浴室节水控制器，规定每日免费限时限量额度，提高用水效率，避免用水浪费。浴室节水控制器见图 4-63，水表见图 4-64，水龙头安装起沧器见图 4-65。

图 4-61　挤奶厅高压水阀

图 4-62　废水收集池

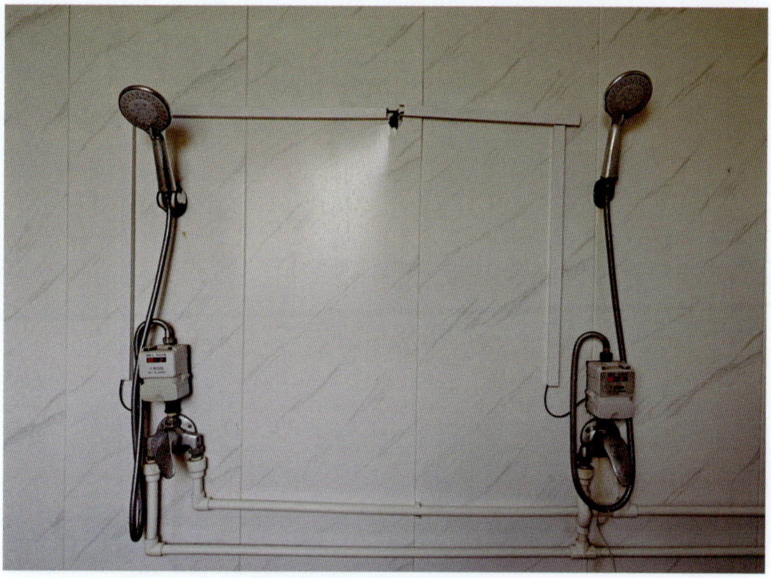

图 4-63　浴室节水控制器

图 4-64　水表

四、节水成效

1）经济效益

通过安装节水设备实施节水技术和技术措施，公司每年节约用水约 19 000 m^3，在保证水质和饮水量的基础上，充分发挥了奶牛场饮水系统的节水潜力；通过降低饮水系统的清洁用水，节省用水费用，降低养殖成本。

图 4-65　水龙头安装起沧器

2)社会效益

公司通过组织各类参观、培训、科普等方式,带动其他养殖场纷纷加入节约用水的行动中来,促进了国民经济和社会发展,有利于社会稳定。

3)生态效益

该场采取的各种节水措施,不仅降低了养殖场的清水用量,减少了污水处理量,缓解了养殖场发展与生态保护之间的矛盾,保证了水资源的可持续利用,相关技术的开发和应用也加快了奶牛养殖业向资源节约型和环境友好型转变,对确保生态安全具有十分重要的意义。

案例二　天津蕙牧农业科技有限公司

一、企业基本情况

天津蕙牧农业科技有限公司位于天津市武清区陈咀镇小王村，始建于 2020 年，养殖品种为荷斯坦奶牛。该场设计存栏规模 6 000 头，年产生鲜乳 45 000 t，现存栏 3 363 头。员工总人数 65 人。企业场区总占地面积 30.9 hm^2，其中牛舍 2 栋，共 22 346.31 m^2。公司获得过天津市绿色优质农产品生产基地称号。公司正门见图 4-66。

图 4-66　天津蕙牧农业科技有限公司正门

二、节水设备

1)饮水槽

奶牛的健康与饮水密切相关，为奶牛提供充足干净的饮用水是维持其健康和生产效益的关键。该场采用不锈钢双层饮水槽，具有防冻保温性能，能自动补水不断水。该饮水槽经过特殊防冻保温设计，在冬季可彻底解决牧场饮用水因上冻造成奶牛饮水不足而频繁更换饮水器的问题；在夏季也可提供清洁凉爽的饮用水，避免天气炎热造成饮用水温度偏高的情况。该饮水槽使用起来方便快捷，可节省用水量，降低牧场人工运行成本，也能够环保节水，合理地利用水资源。饮水槽见图 4-67。

2)喷淋装置

夏季奶牛容易产生热应激反应。热应激会对奶牛的生产性能和健康造成严重的影响，使奶牛食欲下降、饮水增加、产奶量下降、呼吸加快、体温升高、繁殖性能和抗病能力下降等。通过安装喷淋装置，能有效缓解奶牛的热应激反应。夏季牧场喷淋用水量巨大。该场的喷淋设备具有红外检测、定时喷水功能。在进行喷淋时，喷淋装置喷出的水可以均匀润湿牛毛，透过牛毛接触皮肤，加快蒸发散热，同时定时喷水可避免喷淋用水的浪费。喷淋装置见图 4-68。

图 4-67　饮水槽

图 4-68　喷淋装置（组图）

3）粪污处理设施

该场采用智能化清粪系统。智能化清粪系统是由电流控制设备运行，当电流过高时，设备会自动停止并报警，以保证安全。控制系统对设备运行的情况进行实时监控，配有电流实时监控程序，可以随时对设备在运行过程中的电流实行监控；同时具有防冻装置，可以确保设备在寒冷的冬季正常运行。该智能化清粪系统可以由手动控制，也可以由一键智能自动控制，实现了手动、自动的双向控制。自动刮粪板清粪工艺为牧场节约大量的运行成本和降低工人的工作强度。牧场牛粪、尿液经刮粪板统一收集至污水贮存池，干湿分离后，干粪用作牛场垫料，污水发酵后还田利用。自动刮粪板见图 4-69，污水贮存池见图 4-70。

图 4-69　自动刮粪板

图 4-70　污水贮存池

三、节水措施

1）加强管理，推进技术升级

为了实现节约用水的目标，该场注重管理，推进技术升级，建立完善的用水管理制度，定期进行用水分析和水量统计，科学合理地进行水资源的规划和调度；同时，采用智能控制技术，结合先进的传感、通信和数据处理技术，实现对用水情况的实时监测和控制，能最大限度地控制用水量。

2）优化循环，提高用水效率

该场采用喷雾药浴消毒，可以节约用水。同时，在挤奶厅门口建立废水收集池，实现奶水废弃水的收集备用，大大提升了回收水的质量，减少了水量补给。转盘挤奶厅见图 4-71，乳头喷雾药浴见图 4-72，废水池见图 4-73。

图 4-71　转盘挤奶厅

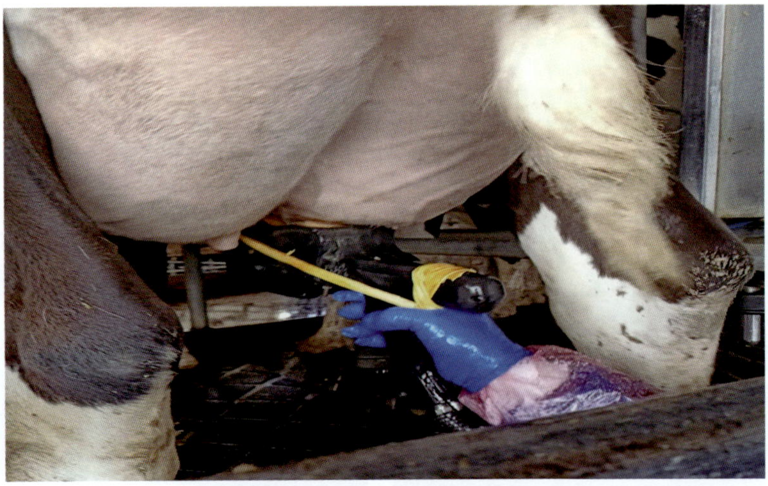

图 4-72　乳头喷雾药浴

图 4-73　废水池

3）宣传教育，提高节水意识

在用水方面，该场采取“精水细滴”原则，通过采用高效的节水设施，优化管道设计和布局，控制喷淋角度和高度等方式，提高用水效率。此外，还使用冷却系统和通风系统，降低室内温度和湿度，适当减少奶牛喝水量。

四、节水成效

1）经济效益

在养殖环节，每年饮水节水 1 500 t，喷淋节水 2 000 t，全年共节约用水 3 500 t。在粪污处理环节，每年饮水节水 3 000 t，挤奶环节节水 2 000 t，全年共节约用水 5 000 t。通过各项技术措施和管理制度，公司每年可节约用水 8 500 t，按照水价 4.38 元 /t 计算，每年可节省资金约 3.7 万元，同时也可减少污水处理费用，效益明显。

2)社会效益

通过组织各类参观、培训、科普等方式,带动了众多的养殖场纷纷加入节约用水的行动中来,促进了国民经济和社会发展,有利于社会稳定。

3)生态效益

该场采取的各种节水措施,不仅降低了场区的清水用量,而且减少了污水处理量,缓解了养殖场发展与生态保护之间的矛盾,保证了水资源可持续利用。

案例三 天津华明牧业科技有限公司

一、企业基本情况

天津华明牧业科技有限公司，位于天津市武清区曹子里镇拾棉庄村，始建于2020年，养殖畜种为奶牛，设计存栏5 000头，年产生鲜乳35 000 t，现存栏4 170头。公司员工总人数41人，企业场区总占地面积17.34 hm^2，其中牛舍10栋，共74 800平方米，公司正门见图4-74。

图4-74 天津华明牧业科技有限公司正门

二、节水设备

1）饮水槽

奶牛的健康与饮水密切相关，为奶牛提供充足、干净的饮用水是维持其健康和提高生产效益的关键。该场采用节水饮水槽，能够自动上水不断水，长时间保持水槽的干净卫生，确保冬季加温不结冰，减少清洁水槽次数。清洁水槽的废水可再次用于场区绿化，减少绿化用水。饮水槽见图4-75。

2）喷淋装置

该场配备喷淋节水设备。喷淋节水设备具备定时喷淋功能，先通过30 s的喷淋将牛体打湿，在水还没从牛体滴下时启动风机，直到把牛体上的水吹干，再进行下一次循环喷淋降温，通过喷淋设备和风机的结合使用，大大降低了夏季的喷淋用量水。喷淋装置见图4-76。

图 4-75　饮水槽

图 4-76　喷淋装置

3）粪污处理设施

该场采用机械刮粪板自动清粪设施。牛舍产生的粪污由机械刮粪板刮入粪沟，经统一收集后流入污水贮存池通过搅拌实现干湿分离后，干粪用作牛场垫料，污水发酵后还田利用，同时回收挤奶厅废水冲刷管道，减少了清水使用量，节约了用水成本。自动刮粪板见图 4-77，污水贮存池见图 4-78。

图 4-77　自动刮粪板

图 4-78　污水贮存池(组图)

三、节水措施

1)加强管理,推进技术升级

为了实现节约用水的目标,公司注重管理、推进技术升级、建立完善的用水管理制度,定期进行用水分析和水量统计,科学合理地进行水资源的规划和调度;同时,采用智能控制技术,结合先进的传感、通信和数据处理技术,实现对用水情况的实时监测和控制,能最大限度地控制用水量。

2)多种途径,提高用水效率

该场挤奶厅配备了高压喷枪,可以快速又高效地解决挤奶厅的卫生问题。挤奶厅产生的废水能够二次利用,冲刷待挤圈地面;采用喷雾药浴消毒,放弃水冲消毒,以节约挤奶厅用水。同时,在挤奶厅门口建立废水收集池,实现挤奶厅管道冲洗水收集备用,大大提升了回收水的质量,减少了新水量的补给。废水收集池见图 4-79,转盘挤奶厅见图 4-80。

图 4-79　废水收集池

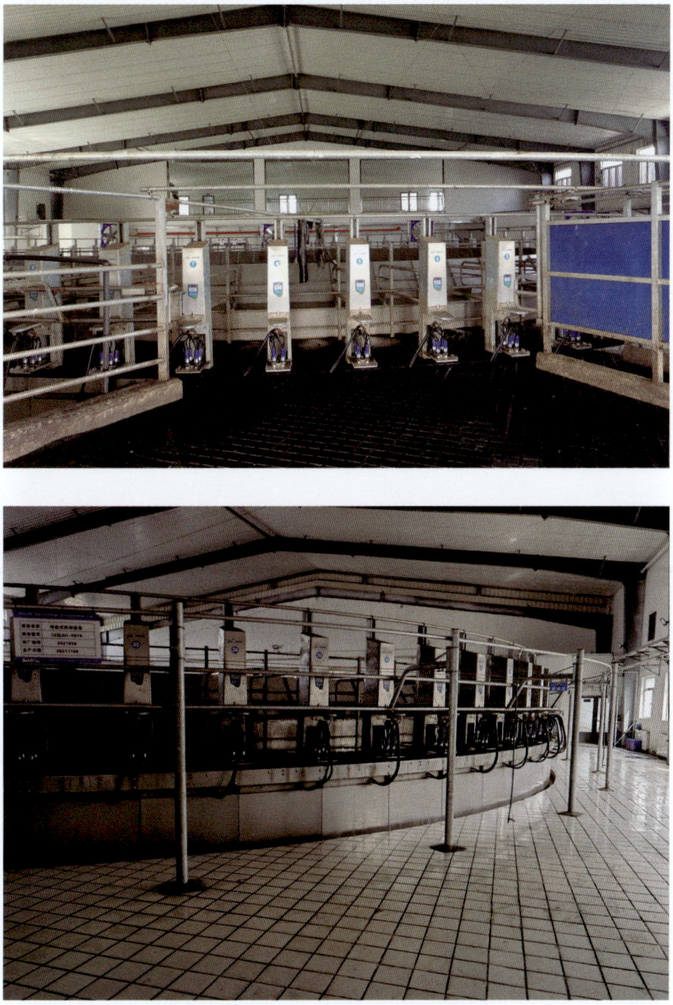

图 4-80　转盘挤奶厅(组图)

3）宣传教育，提高节水意识

在用水方面，奶牛场采用节水设施，通过优化管道设计和布局，控制喷淋角度和高度等，提高用水效率。此外，还可以利用冷却系统和通风系统，降低室内温度和湿度，减少奶牛的饮水量。

四、节水成效

1）经济效益

在养殖环节，每年饮水节水 1 500 t，喷淋节水 500 t，全年共节约用水 2 000 t；在粪污处理环节，每年饮水节水 1 000 t，奶厅环节节水 1 500 t，全年共节约用水 2 500 t。通过各项技术措施和管理制度，公司每年可节约用水 4 500 t，按照水价 5 元 /t 计算，每年可节省资金 2.25 万元，同时减少污水处理费用 45 万元，效益明显。

2）社会效益

通过组织各类参观、培训、科普等方式，带动了众多的养殖场加入节约用水的行动中来，促进了国民经济和社会发展，有利于社会稳定。

3）生态效益

公司采取的各种节水措施，不仅降低了场区的清水用量，而且减少了污水处理量，缓解了养殖场发展与生态保护之间的矛盾，保证了水资源可持续利用。

案例四　天津优源牧业有限公司

一、企业基本情况

天津优源牧业有限公司位于天津市滨海新区太平镇窦庄子村，牧场占地 60.3 hm^2，总投资 4 亿多元，牧场于 2015 年 11 月开工建设，2017 年 6 月投入生产，现存栏荷斯坦奶牛 6 000 余头，日产优质原料奶 100 t，是乳企重要的优质奶源基地。公司正门见图 4-81。

图 4-81　天津优源牧业有限公司

二、节水设备

1）饮水槽

奶牛的健康与饮水密切相关，为奶牛提供充足、干净的饮用水是维持其健康和生产效益的关键。牛舍采用饮水槽自动上水液位控制启停技术，既能保障牛群的日常饮水，又能避免饮水增补过量溢出造成浪费。清洗水槽废水转运至喷淋罐，可用于喷淋补水，也可用于场区绿化灌溉以及污水还田稀释沼液用水。饮水槽见图 4-82。

图 4-82　饮水槽（组图）

2)喷淋装置

该场配备夏季喷淋节水设备,该设备具备定时喷淋功能,先通过 30 秒钟的喷淋将牛体打湿,在水还没从牛体滴下时启动风机,直到把牛体上的水吹干,再进行下一次循环喷淋,持续为牛体降温。喷淋装置见图 4-83。

图 4-83 喷淋装置(组图)

3)粪污处理设施

牛场粪污、夏季喷淋水、挤奶厅污水、生活废水等经排污地沟进入污水处理系统。粪污及废水进入中转池(八角池)后经分离提升泵至一次干湿挤压分离系统进行挤压,分离出的干物质含水率为 70%~75%,接着将其输送至二次干湿挤压系统进行分离,此次会产出含水率为 55%~65% 的干物质,将其输送至垫料发酵池,每日检测温度根据温度进行翻抛,经过 7 天以上的发酵后对垫料进行 1~2 天的风干晾晒，根据固定比例与生石灰进行掺拌后抛撒至奶牛卧床。一次挤压产生的废水进入沉淀池（收集池），干物质进入二次挤压系统，分离后的废水返回至中转池（八角池）再次进行循环水冲系统或分离系统。废水进入沉淀池（收集池）进行 7~15 天沉淀后进入黑膜沼气池，再经过 28 天左右的厌氧发酵，废水产生的沼气、硫化氢等混合气体由火炬系统处理，因可燃气浓度低且不易收集，为避免直接排放对空气造成污染因而进行燃烧排放。废水厌氧发酵后进入氧化塘并通过 3 个氧化塘的逐级沉淀形成上清液，上清液最终进入清水池用作牛舍水冲水循环利用。氧化塘中遗留的沼液及沼渣再经过最少 90 天的发酵，经化验检测合格后还田用作液体肥料助力植物生长。卧床垫料见图 4-84，发酵罐见图 4-85，污水贮存池见图 4-86。

图 4-84　卧床垫料（组图）

图 4-85　发酵罐

图 4-86　污水贮存池

三、节水措施

1）粪污处理系统回水循环利用

公司坚持可持续发展理念，以“厚度优于速度、行业繁荣胜于个体辉煌、社会价值大于商业财富”的管理理念经营企业，对水资源进行循环利用。循环水冲系统主要由清水池、补水泵、中转池（八角池）、水冲提升泵、空压机、启动阀等设备组成。中转池（八角池）中暂存污水，废水经氧化塘系统发酵沉淀出上清液，在牛舍赶牛通道段的启动阀封堵、水冲提升泵开关打开的状态下，可用于冲刷牛舍通道上的粪污，实现了废水的循环利用。回水循环利用流程见图 4-87。

2）节水考核激励制度

为做好夏季热应激期间的防暑降温工作，牧场对牛舍喷淋使用做了详细分工，对区域进行了责任划分并制定了相应的标准和激励方案，鼓励员工用行动节约用水。节水考核制度见表 4-1。

表 4-1　节水考核制度

序号	评估项目	评估内容	评估标准	分值	考评
1	制度建立	牧场下发防暑降温奖罚相关制度	牧场有内部正式下发或者牧场经理签字版关于防暑降温相关奖罚制度	1	无相关制度扣 1 分
		牧场下发防暑降温责任划分相关制度	牧场有内部正式下发或者牧场经理签字版关于防暑降温工作开展责任划分相关制度	2	无相关制度扣 2 分
		牧场有防暑降温设备设施点检记录	牧场有每周设备设施点检记录	2	1. 未点检不得分； 2. 每缺少一次记录扣 1 分
		《优源牧业热应激管控方案》知晓率	随机抽查部门经理级以上管理人员对制度内容的知晓程度	3	抽查至少三位，每有一位不知晓或者知晓不全扣 1 分
2	设备配备	防暑降温检查设备配置情况	风速检测仪、氨气检测仪、热成像仪、热应激指数表，各牛舍配置温湿度记录仪，监测 24 小时温湿度变化数据	3	检测设备及参数表每缺少或者损坏一个扣 1 分
3	供电系统	供电应激	每周对发电机启动调试一次，停电后必须在 10 分钟内启动发电机送电，必须保证奶厅和泌乳牛舍防暑降温设备正常运行	3	不满足或者设备不能正常开启扣 2 分，不能熟练开启发电机扣 1 分
		发电机租赁	各牧场根据实际情况签订发电机租赁合同	1	根据情况每项加减 1 分
		变压器检测	变压器有检测报告、检测问题项是否整改完毕	3	无检测报告扣 2 分、未整改完毕扣 1 分

续表

序号	评估项目	评估内容	评估标准	分值	考评
4	氧化塘清理	氧化塘液位	1. 氧化塘液位不能超过警戒水位线； 2. 提前规划氧化塘还田及拉运，测算防暑降温期间喷淋水量，保证氧化塘容量满足热应激排水需求	3	最后一级氧化塘液位距离上沿不高于 1.5 m，不符合要求扣 3 分
5	供电系统	配电柜	电器元件、线路无脱皮、老化、变色、虚接，进出线口防火泥封堵，配电柜内无尘土杂物，配电柜门锁功能正常，漏电保护完好，使用热成像仪测温低于 65℃	3	每发现一处不符合扣 0.5 分
		电源线	线路无拖腰、破损，布置有线管，使用热成像仪检测温度不超过 65℃	3	每发现一处不符合扣 0.5 分

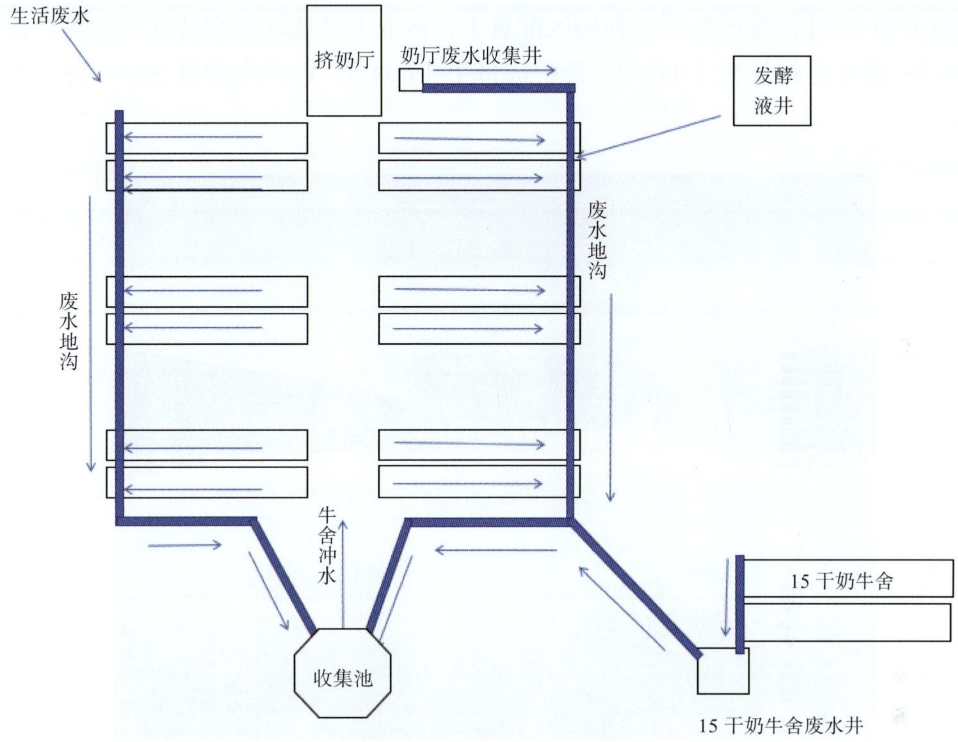

图 4-87　回水循环利用流程

四、节水成效

1）经济效益

通过实施各项技术措施和管理制度，公司每年可节约用水 4 500 m³，按照 5 元 /m³ 计算，每年可节省资金 2.25 万元，同时可减少污水处理费用约 45 万元，效益明显。

2）社会效益

通过组织各类参观、培训、科普等方式，带动了众多的养殖场加入节约用水的行动中来，促进了国民经济和社会发展，有利于社会稳定。

3）生态效益

该场采取的各种节水措施，不仅降低了场区的清水用量，而且减少了污水处理量，缓解了养殖场发展与生态保护之间的矛盾，保证了水资源可持续利用。

案例五　天津天食智慧牧业有限公司

一、企业基本情况

天津天食智慧牧业有限公司位于天津市宝坻区大钟庄农场场部南侧，是天津嘉立荷牧业集团有限公司旗下全资子公司，始建于 2021 年初，于 2022 年 7 月正式投产，场区总占地面积 21.54 hm^2，总建筑面积约 8 万 m^2，是一个涵盖生活管理区、饲料储备与加工区、奶牛饲养与牛奶生产区、粪污处理区和场区配置工程区五大功能区的现代化奶牛场。设计存栏 4 300 头，现有存栏规模 2 857 头，其中成母牛 1 608 头，日产生鲜乳 50 t。公司正门见图 4-88。

图 4-88　天津天食智慧牧业有限公司正门

二、节水设备

1)喷淋装置

该场通过安装智能感应喷淋装置，智能检测牛只是否在喷淋头覆盖区域，结合温湿度指数，对奶牛进行识别，实现精准喷洒。在保证最佳防暑降温效果的同时，节约用水，降低污水排放。通过采用智能感应喷淋装置，每头牛每天可以节约 10 L 水，每天可节省 15 m^3 喷淋用水量，整个夏季可节约 1 800 m^3 的喷淋用水量。喷淋系统见图 4-89，智能感应喷淋传输界面见图 4-90。

图 4-89　喷淋系统(组图)

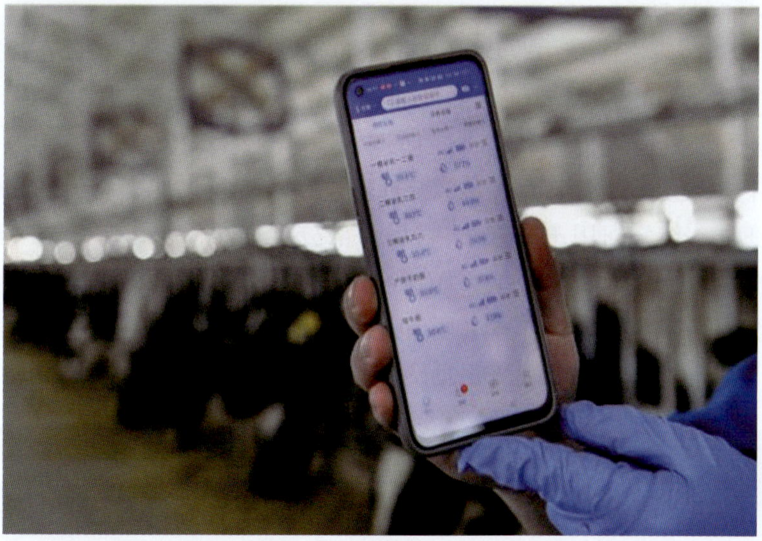

图 4-90　智能感应喷淋传输界面

2)冲洗设备

该场使用高压水枪代替传统水管冲洗,降低了用水量:一是全混合日粮(TMR)工作车辆由传统水管冲洗,改为先用风机对车辆进行除尘,然后统一用高压水枪对车身进行清理;二是挤奶厅由传统水管改为使用高压水枪冲洗地面。同时,利用挤奶厅回收废水冲刷管道,减少了清水使用量,节约了大量的人力、物力和成本。高压水枪作业见图 4-91。

图 4-91　高压水枪作业（组图）

3）粪污处理设施设备

养殖过程中粪污废水经统一收集后先进行水解酸化，然后泵入两级连续搅拌釜式反应器（CSTR）厌氧罐进行中高温厌氧发酵处理，再经过多级沉淀、微氧曝气及沼液深度过滤设备处理后，进入曝气塘进行好氧曝气处理，之后采用膜生物反应器（MBR+）高级臭氧催化氧化系统进行深度处理，出水进入人工湿地塘进一步进行自然降解处理和储存。沼渣经过晾晒干化处理，一部分回用于卧床垫料，另一部分用于制作有机肥。沼气用于发电代替部分市电节约电耗，余热通过热交换系统进行回收，用于发酵物料的提温和保温。整套工艺具有自动化程度高，工艺操作简单，耐冲击负荷强，设备运行灵活，整体运行稳定等特点。氧化系统见图 4-92，粪污处理流程见图 4-93。

图 4-92　氧化系统

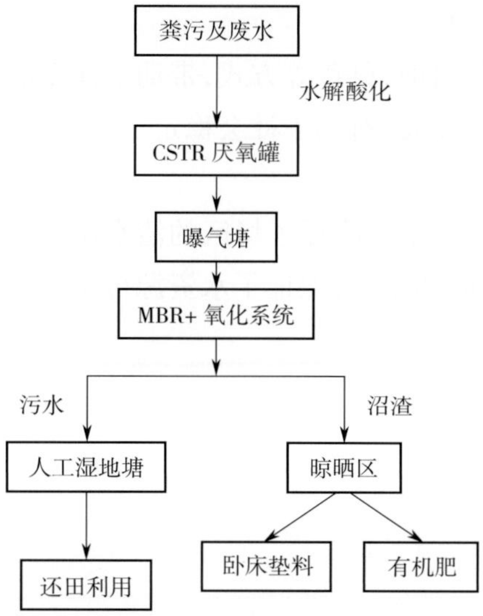

图 4-93　粪污处理流程

三、节水措施

公司致力于打造集智慧高效、科技示范、京津冀奶牛研究院、核心母牛群为一体的国内领先的现代化、智能化奶牛场，积极践行绿色环保发展理念，使环保工作向资源化、无害化方向发展。在生产中从“源头减量、过程控制、末端利用”三个重点环节入手，围绕节水环节、节水设备及工艺、节水管理等方面扎实开展节水工作，极大地降低了用水量。

1）加强管理，推进技术升级

为了实现节约用水的目标，公司注重管理，推进技术升级，建立完善的用水管理制度，定期进行用水分析和水量统计，科学合理地进行水资源的规划和调度；同时，采用智能控制技术，结合先进的传感、信息和数据处理技术，实现对用水情况的实时监测和控制，最大限度地控制用水量。

2）多种途径，提高用水效率

依据“梯级处理，多级利用，宜水则水，宜肥则肥”的处理原则，实现粪污的资源化利用和末端污水符合水田作物《农田灌溉水质标准》（GB 5084—2021）。

3）宣传教育，提高节水意识

在用水方面，奶牛场依据“精水细滴”原则，采用高效的节水设施，优化管道设计和布局，控制喷淋角度和高度等，提高用水效率；此外，还使用冷却系统和通风系统，降低室内温度和湿度，减少奶牛饮水量。

四、节水成效

1）经济效益

通过各项技术措施和管理制度，企业每年可节约用水 3 000 m^3，按照水价 5 元 /m^3 计算，每年可节省资金 1.5 万元，同时减少污水处理费用约 45 万元，经济效益明显。

2）社会效益

公司通过组织各类参观、培训、科普等方式，带动了众多的养殖场加入节约用水的行动中来，促进了国民经济和社会发展，有利于社会稳定。

3）生态效益

公司采取的各种节水措施，不仅降低了场区的清水用量，而且减少了污水处理量，缓解了养殖场发展与生态保护之间的矛盾，保证了水资源可持续利用。

4.3　家禽养殖节水技术案例

案例一　天津市广源畜禽养殖有限公司

一、企业基本情况

天津市广源畜禽养殖有限公司位于天津市宝坻区大钟庄农场，始建于 2007 年，总占地面积 27.5 hm^2，主要饲养京粉和京红鸡种，养殖场设计存栏全群 255 万只蛋鸡、雏鸡 65 万只、产蛋鸡 190 万只，年产鸡蛋约 3.2 万 t。公司建有育雏育成舍 10 栋、产蛋鸡舍 15 栋、蛋品加工车间 2 栋、有机肥车间 1 栋及辅助生产设施。目前，存栏雏鸡 35.6 万只，产蛋鸡 174 万只。公司拥有先进的养殖设备和智能化生产管理控制系统，是一家标准化、规模化、自动化、现代化蛋鸡养殖企业。公司主要产品包括鲜鸡蛋、富硒蛋、玉米黄等各品类鸡蛋，形成了完整的“育雏育成—产蛋—蛋品分拣—液蛋加工—蛋品销售”产业链条，注册资本人民币 22 238 万元，员工总人数 198 人，其中有职称的专业技术人员 12 人，其他兽医和技术人员 12 人。

2022 年 10 月，天津市广源畜禽养殖有限公司被天津海关认定为鲜鸡蛋出口食品生产企业，是天津市首家鸡蛋出口食品企业；同年 12 月，天津市广源畜禽养殖有限公司被评为高新技术企业。公司正门及场区整体照片见图 4-94 和图 4-95。

图 4-94　天津市广源畜禽养殖有限公司正门

图 4-95　天津市广源畜禽养殖有限公司场区整体照片

二、节水设备

1)全封闭自动饮水系统

公司使用全封闭自动饮水系统,配备乳头式饮水器,精准控制流速,避免跑冒滴漏,确保饮用水干净卫生,减少病原菌污染,自动记录饮水量,精准管理饮水供应,减少水资源浪费,提高养殖效率。调压阀见图 4-96,乳头式饮水器见图 4-97,封闭式水线见图 4-98。

图 4-96　调压阀

图 4-97　乳头式饮水器

2）粪污处理节水设施设备

（1）污水处理系统包括三格化粪池、水力筛、厌氧池、A/O 曝气池、膜生物反应器（MBR+）及消毒装置，可高效处理污水，减少排放，实现污水净化再利用于农田灌溉，促进水资源循环，达到节水目的。污水处理系统控制器见图 4-99。

图 4-98　封闭式水线

图 4-99　污水处理系统控制器

（2）该场使用自动清粪带，减少鸡舍冲洗用水，配合粪污处理区自动化烘干、混合、发酵设备，促进资源循环利用，实现节水减排目标。自动清粪设备见图 4-100。

图 4-100　自动清粪设备

3)智能化饲喂环境控制系统

智能化饲喂环境控制系统主要包括自动化环境控制系统中的湿帘循环系统和优化用水量的饲喂系统。这些设备通过智能控制,实现水资源的循环利用,减少水资源浪费,从而显著降低养殖过程中的用水量,达到节水环保的目的。风机见图 4-101,湿帘见图 4-102,自动环境控制器见图 4-103,湿帘循环用水池见图 4-104。

图 4-101　风机

图4-102　湿帘

图4-103　自动环境控制器

图4-104　湿帘循环用水池(组图)

三、节水措施

1)饮水系统控制流速

在养殖设备配置上,公司采用了全封闭自动饮水系统,并配备了乳头式饮水器。这一系统不仅能在满足鸡群生产供水需求的前提下,精准控制流速,有效避免供水系统出现跑冒滴漏现象,而且能保证水源不直接暴露在鸡舍环境中,能有效防止灰尘、病原菌的污染,确保饮水的清洁与卫生。这一措施极大地促进了鸡群的防疫工作,显著降低了疾病的传播风险。此外,自动饮水系统还具备每日自动记录鸡群饮水量的功能,使饲养人员能够及时掌握鸡群的饮水状态,从而更为精准地管理饮水供应,有效减少水资源的浪费,极大地提高养殖场的劳动生产率和经济效益。

2)粪污处理系统回水循环利用

(1)优化粪污处理工艺。公司更新了污水处理设备,优化了处理工艺,日处理量达到60 t,减少了污水的排放,真正达到节水的目的。污水经过处理后,按比例与灌溉水混合可以灌溉场区周边农田,实现水资源的二次利用和种养循环。粪污处理工艺流程见图4-105。

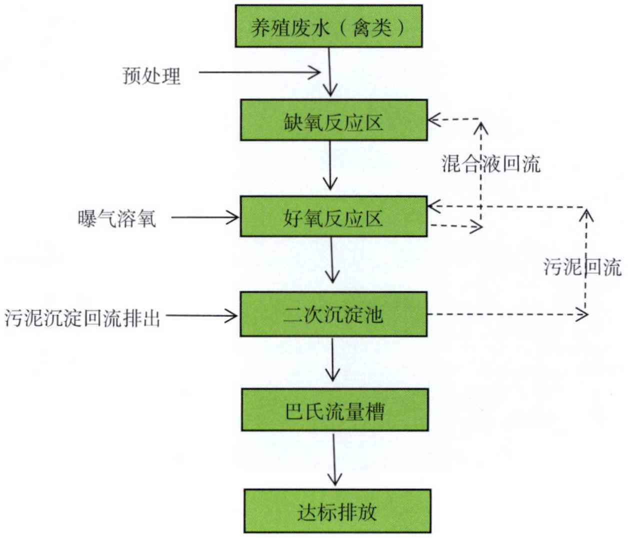

图 4-105　粪污处理工艺流程

（2）使用自动化清粪带。此设备能及时彻底地清理鸡舍内的粪便，有助于维持鸡舍内的卫生环境，减少粪便的积聚，降低氨气浓度和臭味，提高舍内空气质量，同时也能节省日常冲洗鸡舍的用水。

3）智能化饲喂环境控制系统

公司采用国外先进的养殖设备，实现饲养管理流程规范化、标准化、绿色化和养殖环境控制化。生产区每栋栋舍采用复式八层笼养方式，使用筒仓进行饲料储存，配备自动化和饲喂系统，通过栋舍内的传感器和中央处理器以及湿帘、风机等实现温度、湿度、二氧化碳等关键指标的自动控制调节。这不仅能有效调节了养殖环境的温度和湿度，还通过优化循环使用显著减少了用水量。智能化蛋鸡养殖车间、风速湿度监控以及温度监测分别见图 4-106、图 4-107、图 4-108。

图 4-106　智能化蛋鸡养殖车间

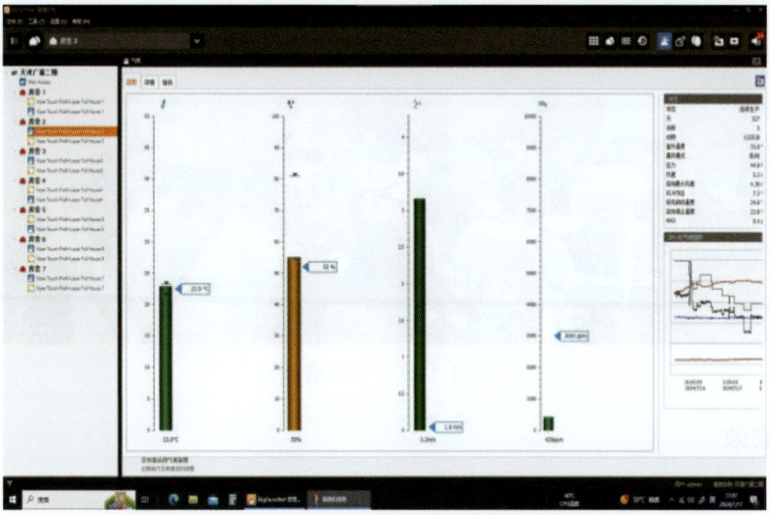

图 4-107　风速湿度监控

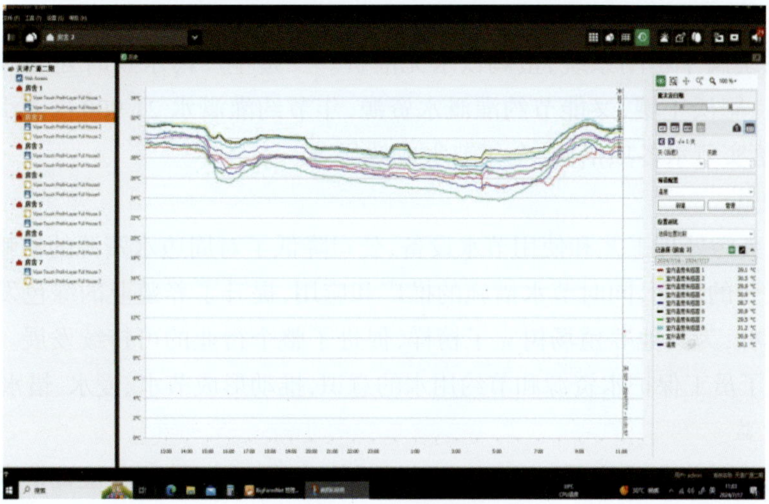

图 4-108　温度监测

4）积极推广节水理念

节水不仅仅是技术层面的问题，更需要员工的积极参与和改变行为习惯。因此，公司部门负责人都会在日常的班前会议上强调树立节水意识，加强员工对节水的重视和理解，并鼓励员工在工作和生活中节约用水。节水培训见图 4-109。

图 4-109　节水培训

四、节水成效

1）经济效益

一是通过智能化环境控制系统调节鸡舍温湿度，湿帘与一体化水箱有效连接，自动启动湿帘调节舍内温度，起到降温作用。对于湿帘降温水循环系统，以每年使用湿帘时间约 70 天计算，整场湿帘全年用水节约 7 000 t，按照水价 5 元 /t 计算，全年可节约 3.5 万元。二是鸡饮水系统属于密闭系统，蛋鸡饮水无浪费。三是生产污水及时处理，资源化后还田灌溉，既能改良肥沃土壤，又能节约灌溉水资源，年节约灌溉水 21 900 t。公司不断强化节水理念，强化落实节水各项措施，全年节水成效显著。

2）社会效益

通过优化粪污处理工艺和使用节水设备，公司降低了对周边水资源的依赖，有效缓解了当地水资源紧张的局面，同时节水措施的推广和应用，提升了养殖业的绿色发展水平，树立了行业环保标杆，为其他养殖场树立了榜样，促进了整个行业的可持续发展。此外，推广节水理念还增强了员工保护水资源和节约用水的意识，推动形成节水、爱水、惜水的良好风尚。

3）生态效益

通过精确控制饮水系统、优化湿帘和风机系统，以及定期维护和检查饮水管道和设备，公司大幅降低了用水量，有效保护了水资源。这不仅减轻了水环境的压力，还减少了废水的排放，对维护水生态平衡起到了积极作用。同时，节水措施的实施也促进了养殖业的绿色发展，为生态环境保护和可持续发展贡献了力量。

案例二　万鸣欣（天津）农业科技发展有限公司

一、企业基本情况

万鸣欣（天津）农业科技发展有限公司位于天津市宝坻区口东街道，始建于 2003 年，于 2003 年 5 月正式投产。公司场区总占地面积 0.8 hm^2，划分为生活办公区、养殖区和粪污处理区。其中，生活办公区包括综合办公室、宿舍、消毒更衣室，确保生物安全以及员工生活；养殖区共有鸡舍 4 栋，均采用“H”形多层笼养方式，鸡舍内配套使用全自动饲喂饮水和环境温度控制系统，科技自动化水平高；粪污处理区建有堆粪场、污水处理池，实现雨污分离，防止环境污染。公司与周边养殖户签订了粪污处理协议，粪污经发酵后进行还田，实现了绿色种养循环。

公司设计存栏规模 10 万只，年出栏规模 50 万只，主要生产 817、909 白羽肉鸡，目前肉鸡存栏 8.5 万只。公司共有员工 4 人，其中专业技术人员 2 人。

万鸣欣（天津）农业科技发展有限公司正门及生产区照片分别见图 4-110 和图 4-111。

图 4-110　万鸣欣（天津）农业科技发展有限公司正门

图 4-111　万鸣欣（天津）农业科技发展有限公司生产区（组图）

二、节水设备

1)饮水设备

鸡舍采用三层笼养方式,通过集成智能饮水管理系统,精确控制乳头式饮水器的供水量,确保每只鸡获得适量饮用水,避免造成水资源浪费。乳头式饮水器见图4-112。

图4-112 乳头式饮水器

2)风机湿帘降温节水设备

自动温度控制系统在为鸡舍降温时,利用湿帘循环技术,通过优化湿帘的湿润度与空气流通速度,既有效降低了舍内温度,又实现了水资源的最大化利用,减少了水蒸发损耗。湿帘见图4-113,风机见图4-114。

图4-113 湿帘

图4-114 风机

3)粪污处理节水设备

鸡舍采用自动清粪带清粪,通过高效收集与清理粪便,减少了清洁过程中的用水量,共同构建了环保高效的节水型鸡舍。自动清粪设备见图 4-115。

图 4-115　自动清粪设备

三、节水措施

1）饮水系统控制流速

与普通水槽相比，乳头式饮水器一方面能精确控制供水量，确保每只鸡获得适量饮用水，可大大节约养殖用水量，降低饲养成本；另一方面由于管道系统密封性能好，水不直接暴露在鸡舍空气中，可避免灰尘、病原菌进入水中，保障清洁饮水，有利于鸡群防疫，减少疾病的传播。使用乳头式饮水器，可省去人工刷洗水槽的环节，也便于人工投料，提高了劳动生产率。

2）通风降温系统

自动通风降温系统通过精准控制环境温度，能够有效避免因高温导致的肉鸡饮水量激增现象出现，从而直接降低水资源的消耗。当舍内温度维持在适宜范围时，肉鸡的正常饮水量得到保障，能避免过量饮水，不仅节约了宝贵的水资源，而且减少了鸡因饮水过多可能引发的肠道疾病，进一步保障了鸡群的健康与生长效率。此外，利用湿帘循环技术，能实现水资源的最大化利用，减少水蒸发损耗。自动环境控制器和湿帘循环用水槽分别见图 4-116 和图 4-117。

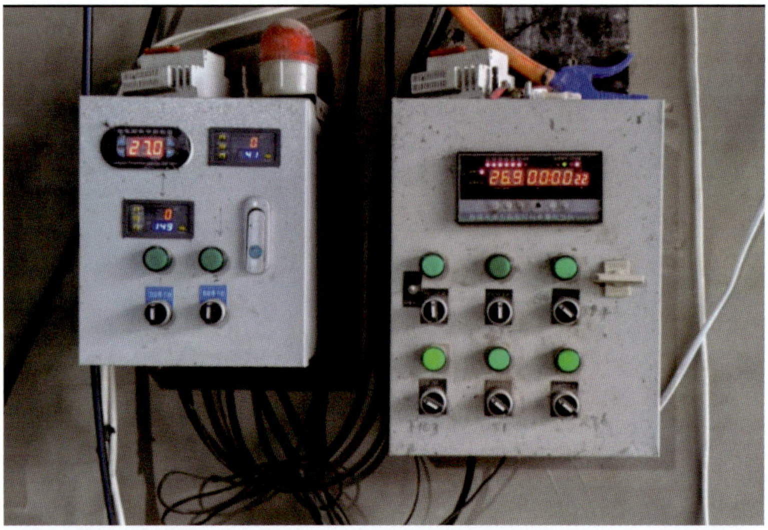

图 4-116　自动环境控制器

3）高压冲洗鸡舍

鸡舍清栏后使用高压冲水设备冲刷。高压冲水设备可以对水进行加压，因此形成的冲力较大，代替普通水管冲洗鸡舍，用水量会大大减少，且冲洗得更干净。高压冲水设备见图4-118，人工冲洗鸡舍见图4-119。

图 4-117　湿帘循环用水槽

图 4-118　高压冲水设备

图 4-119　人工冲洗鸡舍（组图）

四、节水成效

1）经济效益

公司采用乳头式饮水器、自动温度控制系统等节水设备后，既避免了水资源的浪费与污染，降低了清洁成本，又通过精准调节温度，避免了因高温致鸡群过量饮水，进一步节约了水资源。饲养每批肉鸡能够实现节水 150 t，全年可节水 900 t，按照水价 4.9 元 /t 计算，每年可为公司节省资金 4 410 元。几种节水方式结合使用，不仅保障了鸡群健康，而且显著降低了饲养成本，提高了水资源利用率，为公司带来了长远的经济效益，体现了绿色健康养殖的可持续发展优势。

2）社会效益

公司通过减少水资源消耗，为社会节约了宝贵的水资源，有助于缓解水资源短缺压力。此外，节水技术的应用还推动了养殖业的转型升级，引领行业向更加环保高效的方向转变。这一变革不仅增强了养殖业的可持续发展能力，还为社会树立了节水减排的典范，促进了农业节水技术的普及与应用，提升了整体社会效益。

3）生态效益

公司采用的高效节水措施展现出显著的生态效益。乳头式饮水器和自动温度控制系统的应用有效降低了鸡舍内的湿度和氨气浓度，改善了养殖环境，降低了疾病传播的风险。此外，公司还积极实施绿色种养循环，将处理后的粪污还田利用，既减少了环境污染，又促进了土壤肥力的提升，实现了生态效益与经济效益的双赢。这些举措不仅保护了生态环境，而且促进了农业可持续发展，为构建绿色、低碳、循环的农业生产体系提供了有力支撑。

案例三　天津市农达康养殖专业合作社

一、企业基本情况

天津市农达康养殖专业合作社位于天津市武清区河北屯镇艾家庄村，总占地面积 3.34 hm^2，自 1995 年创立以来，始终坚持实现高品质蛋鸡养殖。公司设计存栏量 40 万羽，年产鸡蛋 7 200 t，现存栏蛋鸡 40 万羽。现有员工总人数达到 25 人，其中专业技术人员 3 人。多年来，公司凭借其在蛋鸡养殖领域的卓越表现，荣获了"天津市畜禽养殖标准化示范场"和"全国科普惠农兴村先进单位"等多项殊荣。其秉持着绿色、健康、可持续的养殖理念，为市场提供优质的鸡蛋产品，为乡村振兴贡献自己的力量。公司正门、生产区入口及生产区分别见图 4-120、图 4-121 和图 4-122。

图 4-120　天津市农达康养殖专业合作社正门

二、节水设备

1）饮水设备

公司采用自动饮水系统，包含水线、乳头饮水器、水线调压装置等，精准控水，保障水质清洁无污染。乳头式饮水器见图 4-123，调压阀见图 4-124。

2）降温节水设备

鸡舍配套使用"湿帘 + 风机"降温系统。该系统自动控温，是一种集降温、换气、防尘、除味于一身的蒸发式降温换气系统，具有循环用水、降温效率高、效能持久、使用寿命长的优点。场区内每栋鸡舍安装 32 台风机，16 块湿帘（2.3 m × 0.8 m × 0.15 m）。降温节水设备的使用既有效缓解了鸡舍高温，又实现了水资源的高效利用。风机见图 4-125，湿帘见图 4-126。

图 4-121　天津市农达康养殖专业合作社生产区入口

图 4-122　天津市农达康养殖专业合作社生产区

图 4-123　乳头式饮水器

图 4-124　调压阀

图 4-125　风机

图 4-126　湿帘

3）粪污处理节水设备

公司采用自动清粪设备减少污水产生，冲洗鸡舍时产生的废水经收集后发酵还田，这一过程间接促进了水资源的再利用，减少了对水资源的需求，符合节水环保要求。自动清粪设备见图4-127。

图4-127　自动清粪设备（组图）

三、节水措施

1）饮水环节

为了确保鸡群获得干净充足的饮用水，公司引入了先进的自动饮水系统。该系统包含精密的水线、高效的乳头式饮水器、灵活的水线调压器以及减压水箱等核心组件。该系统不仅使得水压得到精准调控，实现人工智能化控制，更为关键的是，它比传统的水槽式饮水方式节约了20%以上的水资源。这种饮水方式确保了水源的清洁无污染，为鸡群的健康生长提供了有力保障。

2）环境控制环节

在炎热的夏季，为了降低鸡舍温度，公司采用了“湿帘＋风机”降温系统。这一系统能够自动控温，通过湿帘的循环使用，有效地降低了鸡舍的温度，在实现降温功能的同时也减少了水的浪费。相较于传统的湿帘及喷雾降温方式，其能够节省30%以上的水资源。自动环境控制器及湿帘循环用水池分别见图4-128和图4-129。

3）粪污处理环节

（1）在粪污处理方面，公司采用了自动清粪的方式。这一方法不仅提高了清粪的效率，还确保了鸡舍的干净卫生。收集后的粪污经过翻抛发酵处理，转化为有机肥，实现了粪污的资源化利用，既环保又经济。

图 4-128　自动环境控制器

图 4-129　湿帘循环用水池

(2)鸡舍空栏后,用高压喷雾清理的方式冲刷鸡舍,并将清洗废水收集后进行发酵还田。这一做法不仅避免了环境污染,还减少了化肥的使用,实现了农业生产的可持续发展。高压冲水设备及人工冲刷鸡舍分别见图 4-130 和图 4-131。

图 4-130　高压冲水设备

图 4-131　人工冲刷鸡舍

四、节水成效

1）经济效益

综合各项技术措施和管理制度，公司在鸡只饮水环节、防暑降温环节、粪污处理环节年均节约用水 9 500 t。按照水价 8 元 /t 计算，每年可节省资金 7.6 万元。公司不仅节约了水资源，还降低了运营成本，实现了经济效益和环境效益的双赢。

2）社会效益

节水不仅带来了经济效益，还对社会产生了深远的影响，成为节水的先行者，通过组织各类参观、培训和科普活动,将节水理念传递给更多的养殖场,越来越多的养殖场加入节水的行列中来,形成了良好的社会氛围。这种氛围不仅促进了国民经济的发展,也提升了社会的文明程度,有利于社会的稳定和谐。

3)生态效益

公司采取的各种节水措施,不仅降低了场区的清水用量,还减少了污水的产生量,污水经过处理后还田利用,水资源的可持续利用也得到了更好的保障。

案例四　天津市澍丰农业科技有限公司

一、企业基本情况

天津市澍丰农业科技有限公司成立于 2017 年，位于天津市武清区泗村店镇窑上村，是一家以饲养肉鸡为主的专业养殖公司。公司场区占地 0.87 hm^2，设计存栏 11 万羽，年出栏 55 万羽，现存栏 110 000 羽。公司员工总人数 4 人，其中专业技术人员 1 人，通过自动化养殖设备和丰富的养殖技术，实现了自动化高效养殖。

公司自创立之初，就秉持着“绿色、健康、优质”的养殖理念，致力于为消费者提供安全放心的肉鸡产品，公司严格把控从选种、饲养、防疫到销售等各个环节，确保每一只肉鸡都符合国家标准和消费者的期待。2019 年，公司被天津市农业农村委评为天津市畜禽养殖标准化示范场。同时，公司还将积极探索新的市场机遇和发展空间，拓展产业链和产品线，为消费者提供更多元化、更高品质的产品和服务，为推动农业现代化和乡村振兴贡献更多的力量。天津市澍丰农业科技有限公司正门及生产区见图 4-132 和图 4-133。

图 4-132　天津市澍丰农业科技有限公司正门

图 4-133　天津市澍丰农业科技有限公司生产区

二、节水设备

1）饮水设备

鸡舍使用的自动供水系统包括水线、乳头式饮水器和减压水箱等。自动供水系统安装、使用方便，全系统通过水道全封闭、水压可调节、乳头精准出水等关键控水点，减少了养殖过程中水的蒸发、泄漏和污染，实现了饲喂过程清洁精准用水。

水线、乳头式饮水器及减压水箱分别见图 4-134、图 4-135 和图 4-136。

图 4-134　水线

图 4-135　乳头式饮水器

图 4-136　减压水箱

2)“湿帘 + 风机”降温节水设备

鸡舍配套使用“湿帘 + 风机”降温系统。该系统自动控温，是一种集降温、换气、防尘、除味于一身的蒸发式降温换气系统，具有循环用水、降温效率高、效能持久、使用寿命长的优点。场区内每栋鸡舍安装 13 台风机，10 块湿帘（3 m × 1.5 m × 0.2 m）。机组的使用除了可以为鸡舍带来新鲜空气和降低温度，还能减少水资源的浪费。风机及湿帘分别见图 4-137 和图 4-138。

图 4-137　风机

图 4-138　湿帘

3)粪污处理节水设备

(1)鸡舍粪污处理采用的“H”形自动化清粪系统包括带式清粪机、清粪机托架、驱动电机等，具有抗拉强度高、粘粪少、不打滑、清粪简单高效且干净的特点。公司通过交叉传送带每日收集传送粪便直接至堆粪棚，实现了全程无水清粪。自动清粪带见图 4-139。

图 4-139　自动清粪带

(2)鸡舍清栏后，采用高压喷雾移动式冲洗设备对鸡舍进行冲洗消毒，在冲洗鸡舍的同时冲洗清粪带，实现了高效节水。高压喷雾移动式冲水设备见图 4-140。

图 4-140　高压喷雾移动式冲水设备

三、节水措施

1）饲喂饮水环节

一是优化饮水设计。公司根据养殖的实际情况，合理规划饮水设施的布局，确保饮水设备距离鸡舍较近，减少水流输送过程中的损耗。二是选用全自动饮水系统，该系统集成了水线、乳头式饮水器等，实现了人工精准控制，确保了饮水过程的流畅与高效，保障了饮水的清洁度与无污染，有效减少了因水质问题可能导致的浪费。通过自动化管理，该系统能够精准满足鸡只的饮水需求，避免出现过量供水或供水不足的现象，在保障肉鸡健康的同时，也显著提升了水资源的利用效率。

2）环境控制环节

合理应用“湿帘 + 风机”系统夏季鸡舍温度湿度环境，实现鸡舍自动化通风调温。一是根据养殖实际情况，调整风机湿帘参数，确保在满足降温需求的同时，减少不必要的用水。同时，定期检查系统的运行状态，确保湿帘、水泵等部件正常工作，避免因设备故障导致用水浪费。二是加强水资源回收利用。公司采用“湿帘 + 风机”降温系统，并通过水泵和循环水池的供给系统，在保证达到蒸发降温的效果下实现清洁循环用水。自动环境控制器及湿帘循环用水池分别见图 4-141 和图 4-142。

3）粪污处理环节

（1）采用自动清粪设备处理鸡舍粪便，通过粪带输送装置，每日粪便由传送带传输至舍外，粪便统一收集在专用场地，经翻抛发酵后做成有机肥用于种植环节，环保无污染，实现了饲喂期间粪便无水处理。

（2）鸡舍空栏后，采用高压移动式冲洗设备冲洗鸡舍，同时对粪带进行清理，废水收集后发酵还田，实现零污染，也可减少化肥使用。人工冲刷鸡舍见图 4-143。

4）加强宣传教育

一是提高员工节水意识，加强养殖场员工的节水意识教育，让员工充分认识到节水的重要性，自觉实施节水措施。二是推广节水经验和技术，各养殖场之间互相学习交流，共同提高节水水平。

图 4-141　自动环境控制器

图 4-142　湿帘循环用水池

图 4-143　人工冲刷鸡舍

四、节水成效

1）经济效益

鸡只饮水环节、夏季防暑降温环节以及粪污处理环节每年平均节水 2 700 t，按照水价 8 元 /t 计算，每年可节省费用约 2.1 万元，效益明显。

2）社会效益

蛋鸡养殖场采取节水措施，可以树立良好的企业形象，增强企业的社会责任感；同时通过组织各类参观、培训、科普等方式宣传先进节水措施，能够带动更多企业树立节水意识，采取节水措施，促进养殖业可持续发展。

3）生态效益

各种节水措施的应用，不仅降低了场区的清水用量，也大幅减少了养殖废水的处理量，缓解了企业发展与生态保护之间的矛盾，对企业的可持续发展和水资源可持续利用有重大现实意义。

案例五　天津市洪响蛋鸡养殖专业合作社

一、企业基本情况

天津市洪响蛋鸡养殖专业合作社成立于 2015 年，位于天津市武清区梅厂镇灰锅口村，是一家专业化蛋鸡养殖企业，见图 4-144 和图 4-145。合作社总占地面积 2 hm^2，设计 7 栋标准化鸡舍存栏 20 万羽，年产蛋 3 600 t，现存栏 20 万羽。合作社员工总人数 15 人，其中专业技术人员 3 人。

图 4-144　天津市洪响蛋鸡养殖专业合作社正门

图 4-145　天津市洪响蛋养殖专业合作社生产区

合作社成立 9 年来，始终坚持科学养殖、绿色养殖的理念，引进了先进的养殖设备和技术，采取了一系列措施减少养殖过程中对环境的负面影响，同时凭借其优质的产品和服务，赢得了广大消费者的信赖和好评，2019 年被天津市农业农村委评为“天津市畜禽养殖标准化示范场”。

二、节水设备

1)饮水设备

合作社鸡舍采用乳头式自动饮水系统，包括乳头式饮水器、水线、水线调压装置等。该系统为一种全密封式的自动化饮水系统，能够有效地防止饮水泄漏，保持鸡舍内空气干燥，减少霉菌的繁殖，降低氨气的浓度，从而改善舍内环境。乳头式饮水器见图 4-146，调压阀见图 4-147。

图 4-146　乳头式饮水器

图 4-147　调压阀

2)鸡舍环境控制节水设备

鸡舍环境控制采用"湿帘 + 风机"降温系统，该系统是一种集降温、换气、防尘、除味于一身的蒸发式降温换气自动控温系统，具有循环用水，降温效率高，效能持久，使用寿命长的优点。场区内每栋鸡舍安装 12 台风机，8 块湿帘(2.3 m × 0.8 m × 0.15 m)。该系统的使用不仅实现了鸡舍新鲜空气的输入和温度调节，还实现了水资源的循环利用。风机及湿帘分别见图 4-148 和图 4-149。

图 4-148　风机

图4-149　湿帘

3)粪污处理环节

(1)鸡舍粪污处理采用的“H”形自动化清粪系统,包括带式清粪机、清粪机托架、驱动电机等,具有抗拉强度高,粘粪少,不打滑,清粪简单、高效、干净的特点。收集的粪便在专用场地经翻抛发酵后做成有机肥,可用于种植环节,环保无污染。自动清粪设备见图4-150。

图4-150　自动清粪设备(组图)

(2)高压移动式冲洗设备。鸡舍清栏后采用高压移动式冲洗设备对鸡舍进行冲洗消毒,在冲洗鸡舍的同时冲洗清粪带,实现了高效节水。高压冲水设备见图4-151。

图 4-151　高压冲水设备

三、节水措施

1)饲喂饮水环节

一是采用自动饮水系统,通过调节水压和水线来满足家禽的生长需求,保证水压分布均匀,避免水资源浪费,人工可控,且干净无污染。二是根据精准饲喂系统调节水压控制饲喂环节用水,根据蛋鸡的生长阶段,科学配比饲料,测算饮水量,调节水压和水线,确保每只鸡都能获得足够的水量,同时减少水资源浪费。

2)环境控制环节

鸡舍采用“湿帘 + 风机”系统实现降温,调节空气质量。一是优化湿帘设计。通过采用高效多孔材料优化湿帘,极大提升了水分蒸发效率,减少了不必要的耗水;同时确保湿帘均匀湿润,避免资源浪费。二是循环利用水资源。构建闭环水资源循环系统,利用沉淀池与精密过滤器净化回收水,既保障了水质安全,又实现了水资源的最大化循环利用,显著降低了新鲜水资源的需求量。三是定期维护保养。定期对湿帘风机进行维护保养,确保设备的正常运行和高效节水;及时修复湿帘损耗,清理维护循环设施,确保系统高效、无泄漏运行,从源头上杜绝水资源浪费。自动环境控制器及湿帘循环用水池分别见图 4-152 和图 4-153。

3)粪污处理环节

(1)鸡舍带式清粪机采用先进的机械传动系统,通过传送带将鸡粪自动清理出鸡舍。相比传统清理鸡粪运用大量的水资源进行冲洗的方式,既减少人工投入,节约水资源,又避免产生环境污染。带式清粪机日常无须用水冲洗,从而极大地减少了用水量。

(2)鸡舍空栏后,采用高压冲水设备冲洗鸡舍,同时对粪带进行清理,废水收集后发酵还田,实现零污染,也可减少化肥使用。

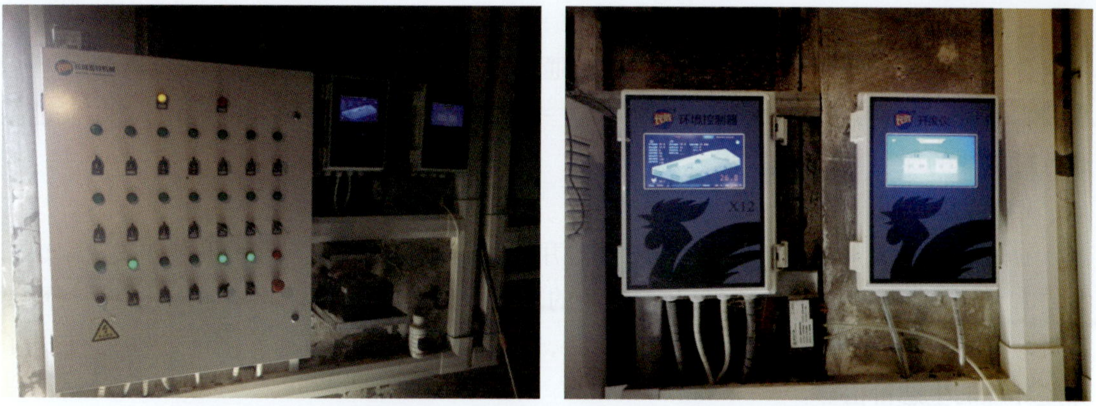

图 4-152　自动环境控制器（组图）

图 4-153　湿帘循环用水池

四、节水成效

在当今日益严峻的水资源挑战面前，畜牧业作为农业领域的核心力量，其节水实践不仅关乎资源的高效利用，更是推动绿色农业可持续发展的关键。

1）经济效益

通过优化粪污处理工艺和使用节水设备，养殖场降低了水资源的消耗量，进而减少了水费支出。同时，节水措施还提高了水资源的利用效率，降低了养殖成本。这些改变不仅增强了养殖场的盈利能力，也为其长期稳定发展奠定了坚实的基础。鸡只饲喂饮水环节、环境控制环节、粪污处理环节年均节水 4 800 t，按照水价 8 元 /t 计算，每年可节省资金约 3.8 万元，做到了节能增效。

2)社会效益

合作社不仅致力于自身的节水实践,更通过举办参观、培训等活动,积极传播节水理念与技术,带动周边养殖业加入节水行列。这一行为有力推动了畜牧业的转型升级,促进了地区畜牧业的绿色、可持续发展。

3)生态效益

通过实施节水策略,合作社在减少清水用量的同时,也大幅降低了污水排放量。这一举措有效缓解了企业发展与生态保护之间的矛盾,对保护水资源、维护生态平衡具有重要意义。此外,合作社还注重生态环境的改善,通过绿化、建设生态池等措施,进一步提升了养殖环境的生态价值。

案例六　天津五谷香农业发展有限公司

一、企业基本情况

天津五谷香农业发展有限公司成立于2014年，位于天津市静海区团泊镇农牧业现代化园区（大港油田团泊洼生活基地），主要饲养品种为粉6、粉8和绿壳蛋鸡。公司拥有现代化的蛋鸡鸡舍5栋，饲料加工车间1座，鸡粪处理车间1座，现存栏量产蛋鸡14万只。公司采用自动通风、饮水、集蛋、清粪、智能化层叠式行车喂料等蛋鸡养殖成套设备，是一家畜牧业生产机械化、自动化和智能化的规模养殖场。

公司主营富硒鸡蛋、DHA（二十二碳六烯酸）富硒鸡蛋及各种功能蛋，产蛋鸡预混合饲料以及有机肥料。全年向社会提供无公害富硒鸡蛋3 600 t。2017年，公司“凤铭园”牌富硒鸡蛋被评为天津市知名农产品品牌；2019年，公司被评为天津市农业重点龙头企业；2017—2023年连续7年被评为天津市食品安全和质量优秀企业；2020年，被天津市农委列入“津农精品”的品牌当中。天津五谷香农业发展有限公司正门以及生产区分别见图4-154和图4-155。

图4-154　天津五谷香农业发展有限公司正门

二、节水设备

1）饮水设备

供水系统采用双水线双乳头设计，全程封闭以保水质，供水乳头精准出水，随啄随流，饮毕自关，杜绝浪费；采用专利节水水杯防溅漏，促进水循环饮用，实现资源高效利用。双水线供水及乳头式饮水器分别见图4-156和图4-157。

图 4-155　天津五谷香农业发展有限公司生产区

图 4-156　双水线供水

图 4-157　乳头式饮水器

2）自动通风降温设备

采用“湿帘 + 风机”组合，科学规划水循环体系，湿帘水循环利用，减少新水消耗，环保节水，精准控制湿帘开启时段与供水间歇，节能降耗。风机及湿帘分别见图 4-158 和图 4-159。

图 4-158　风机

图 4-159　湿帘

3)自动清粪设备

(1)采用干清粪工艺,尾端使用注塑双刮板,机械与注塑双刮板协同作业,节水高效,清粪彻底,保护清粪带,减少污染。粪污由室外清粪机直送到处理中心,可省人力,防蒸发渗漏,资源利用高效,节水减排。自动清粪设备见图 4-160。

图 4-160　自动清粪设备(组图)

(2)鸡舍清栏后,采用高压移动式冲洗设备对鸡舍进行冲洗清理,在冲洗鸡舍的同时冲洗清粪带,实现高效节水。高压冲洗设备见图 4-161。

图 4-161　高压冲洗设备

三、节水措施

1)饮水环节

一是公司采用智能水线管理系统，该系统通过集成物联网、智能感知、大数据等技术，实现了对养殖场内水资源的全面监测、智能分析和精细化管理，从而有效促进了节水工作的进行。二是供水系统通过双水线、双乳头设计，确保每只蛋鸡都能获得充足而均衡的饮用水。水线全程封闭设计，确保了水质在输送过程中的纯净与安全，有效避免了蒸发损耗、漏水问题及空气污染的困扰，乳头式饮水器则以其智能感应机制著称，鸡只轻轻一啄，适量清水即精准流出，满足鸡只饮水需求后立即自动关闭，杜绝了浪费。特别的专利水杯，可有效避免鸡头或鸡尾触碰到乳头时漏水，同时鸡只可以再次饮用水杯中的水，从而实现了水资源的节约。这一组合的使用不仅保证了水质的清洁与循环利用，还显著提升了水资源的利用效率。智能水线控制系统见图 4-162。

2. 降温环节

"湿帘 + 风机"的降温组合是比较经济有效的夏季降温方式。湿帘位置、开启时间、安装面积以及风机安装数量等因素直接影响降温效果，通过科学规划与设计，实现水资源的循环利用。将湿帘流下来的水引导到一个储水池里，再用水泵把储水池的水抽到湿帘，这样湿帘流下来的水又会重新进入储水池，通过循环利用水资源，有效减少了新鲜水资源的消耗，实现了节水与环保的双重目标。同时，公司严格把控湿帘开启时间，间歇性进行供水，有效避免了不必要的能源浪费。自动环境控制器及湿帘循环用水池分别见图 4-163 和图 4-164。

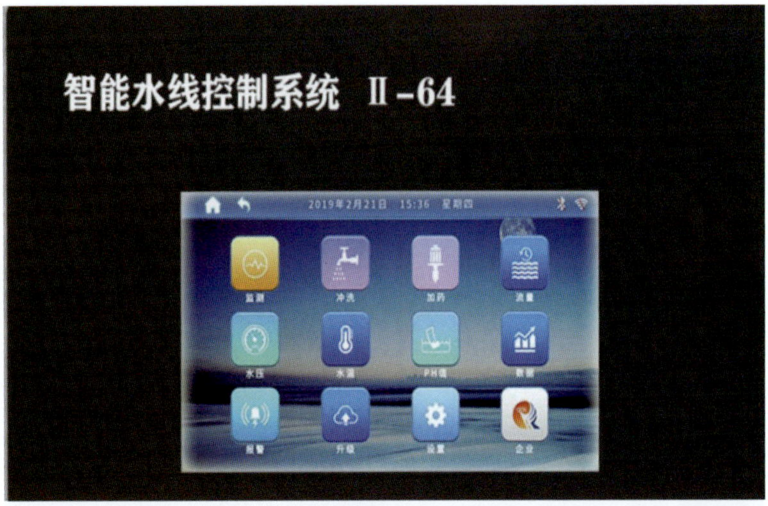

图 4-162　智能水线控制系统

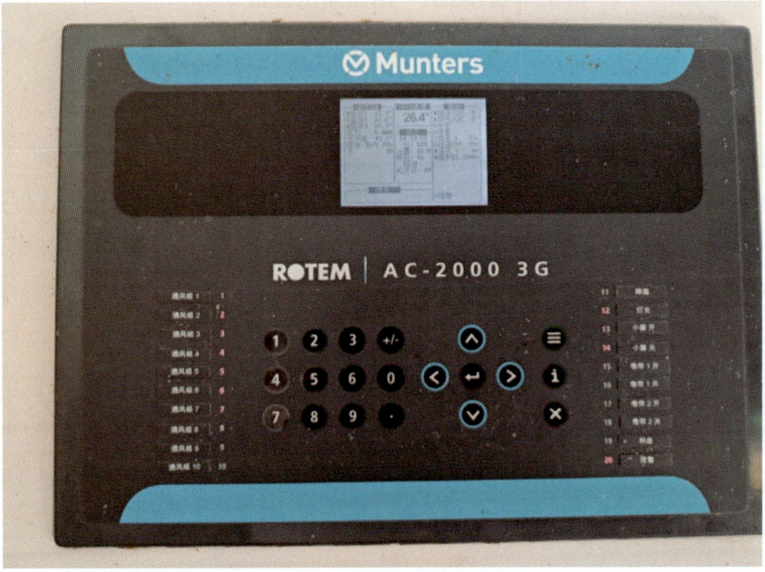

图 4-163　自动环境控制器

3)喂料环节

(1)通过对饲料中盐分的添加量进行精细的计算,来调整鸡只的饮水量。这是因为食盐的主要成分是氯化钠,它对于维持鸡体内钠钾离子的平衡至关重要。饲料中盐分含量的减少会促使鸡只减少饮水量。当饲料中盐分减少时,鸡为了维持体内钠钾离子平衡,会减少对水的摄入量。在保证鸡只正常生产性能的基础上,每吨饲料中减少 0.3~0.5 kg 的盐分添加,每天每只鸡能够减少 2~5 mL 的饮水量。

图 4-164　湿帘循环用水池（组图）

（2）通过精准管理，公司成功优化了蛋鸡饲养策略，聚焦于最小化饲料采食量的同时，优先促使鸡群快速达到 50% 的产蛋率。这一创新实践不仅显著提升了鸡只的生产性能，还从源头上减少了饲料消耗，进而间接降低了鸡只的饮水量需求。以最少饲料采食量优先实现高产蛋率的做法，不仅提升了经济效益，更在节约水资源方面取得了积极成效，实现了既保证生产效能又能保护环境的双赢局面。鸡只采食见图 4-165。

图 4-165　鸡只采食

4）生产环节

公司采用老鸡换羽策略，延长了蛋鸡饲养周期，鸡舍的更新换代频率得以降低，直接减少了因更换鸡群而不得不频繁进行的鸡舍冲洗次数，从而降低了水资源的消耗。

5）粪污处理环节

（1）采用自动清粪工艺，通过机械与注塑双刮板的高效协同，极大降低了蛋鸡养殖过程中的用水量。该工艺不仅保护了清粪带，还确保了清粪的彻底性，有效减少了粪便对鸡只及鸡蛋的潜在污染。室外清粪机直接将粪便运送至处理中心，不仅节省了人力，更大幅降低了因水分蒸发、渗漏等造成的资源浪费，有助于保持养殖环境空气的清新，同时提升了粪便的资源化利用效率，是节水减排、绿色养殖的重要实践。

（2）鸡舍清栏后，使用高压冲水设备对鸡舍进行冲刷。采用高压冲水设备代替普通水管冲洗鸡舍，用水量会大大减少，且冲洗得更干净，既保证了鸡舍的清洁度，又有效减少了水资源的浪费。冲刷鸡舍见图 4-166。

图 4-166　冲刷鸡舍

四、节水成效

1）经济效益

公司通过鸡只饮水、夏季防暑降温以及粪污处理等各个环节平均每年节水 1 344 t，按照水价 8 元 /t 计算，每年可节省资金的 1.08 万元。这些节水措施显著降低了养殖成本，提高了经济效益。

2）社会效益

公司积极践行节水措施，不仅有效减少了水资源浪费，还显著降低了停水风险，保障了生产稳定，为市场持续供应优质蛋品贡献了力量。此举不仅体现了企业社会责任感，更激发了社会公众对节水重要性的认识，促进了节水的普及，带动员工共同守护水资源，助力绿色农业可持续发展。

3）生态效益

公司实施节水措施，可以保护水资源，减缓水资源的枯竭，有助于生态环境的改善。自实施节约用水以来，公司加强管理和监测，优化水资源配置，减少浪费，实现了用水量的有效控制，为水资源的可持续利用奠定了坚实基础。

案例七　天津市百胜蛋鸡养殖专业合作社

一、企业基本情况

天津市百胜蛋鸡养殖专业合作社位于天津市滨海新区中塘镇杨柳庄村，成立于 2013 年 2 月，占地面积 6 hm²，是一家专业从事蛋鸡养殖的民营企业。养殖场主要饲养品种为海兰褐、海兰灰，设计蛋鸡规模存栏达到 40 万只，现存栏 17 万只，年产鲜蛋 3 600 t。

场区分为生活区、饲料加工区、蛋鸡养殖区、粪污处理区。养殖区共有 6 栋圈舍，分别为育雏舍 1 栋、蛋鸡舍 5 栋。公司采用工厂化饲养，推行专业化蛋鸡养殖，使用韩国宝一蛋鸡养殖设备，主要采用自动喂料、自动清粪、自动饮水、自动消毒，纵向负压通风，湿帘降温等国际先进的饲养设备，实现了清洁生产和循环经济，其产品达到了绿色食品要求。其于 2019—2020 年度被农业农村部评为全国蛋鸡标准化示范场，同年被天津市评为蛋鸡标准化示范场，2021 年被农业农村部评为全国减少抗生素使用 70 家之一。天津市百胜蛋鸡养殖专业合作社正门及生产区分别见图 4-167 和图 4-168。

图 4-167　天津市百胜蛋鸡养殖专业合作社正门

图 4-168　生产区（组图）

二、节水设备

1)饮水设备

公司应用的自动饮水系统包括水线、乳头式饮水器和水线调压装置等。自动供水系统安装、使用方便,全系统通过水道全封闭、水压可调节、乳头精准出水关键控水点减少了养殖过程蒸发、漏水和污染,实现了饲喂过程清洁、精准用水。乳头式饮水器见图 4-169,调压阀见图 4-170。

图 4-169　乳头式饮水器

图 4-170　调压阀

2)"风机 + 湿帘"降温节水设备

"风机 + 湿帘"降温系统通过湿帘的蒸发吸热与风机的强制对流,实现了高效降温。该系统精心设计的水循环回路大幅减少了新鲜水资源的消耗,同时由智能控制系统根据环境温湿度自动调节运行参数,确保降温效果最佳,既节水又节能。风机及湿帘分别见图 4-171 和图 4-172。

图 4-171　风机

图 4-172　湿帘

3)粪污处理节水设施设备

(1)自动化清粪系统包括带式清粪机、清粪机托架、驱动电机等。粪便处理采用横竖粪带输送装置,每日粪便通过横竖粪带传输至舍外,实现了饲喂期间的粪便无水处理。自动清粪设备见图 4-173。

图 4-173　自动清粪设备(组图)

(2)蛋鸡场设立了雨水收集池,通过收集并利用雨水进行鸡舍的冲刷,可以大大减少甚至替代自来水或地下水的使用,节省了水资源。雨水收集池见图 4-174。

图 4-174　雨水收集池

三、节水措施

1)养殖环节

(1)饮水环节。该公司采用了自动饮水系统,水线全程封闭设计,确保了水质在输送过程中的纯净与安全,有效避免了蒸发损耗、漏水问题及空气污染的困扰,从而实现了水资源的最大化节约。乳头式饮水器则以其智能感应机制著称,鸡只轻轻一啄,适量清水即精准流出,满足鸡只饮水需求后立即自动关闭,杜绝了浪费。"水线 + 乳头式饮水器"这一组合不仅大幅降低了整体用水量,还因水质的纯净而显著降低了鸡群的感染风险。

(2)夏季降温。"湿帘 + 风机"的降温组合是比较经济有效的夏季降温方式。湿帘位置、开启时间、湿帘安装面积以及风机安装数量等因素直接影响降温效果。通过科学规划与设计,其实现了水资源的循环利用。将湿帘流下来的水引导到一个贮水池里,再用水泵把贮水池的水抽到湿帘,这样湿帘流下来的水又会重新进入贮水池,通过循环利用水资源，有效减少了新鲜水资源的消耗，实现了节水与环保的双重目标。同时，公司依据鸡群特性（如平均体重 1.8 kg），制定了降温方案，合理精准配置湿帘与风机，这一精准配置既显著提升了进风效率与降温效果，也间接促进了水资源的节约。湿帘循环用水槽及自动环境控制器分别见图 4-175 和图 4-176。

图 4-175　湿帘循环用水槽（组图）

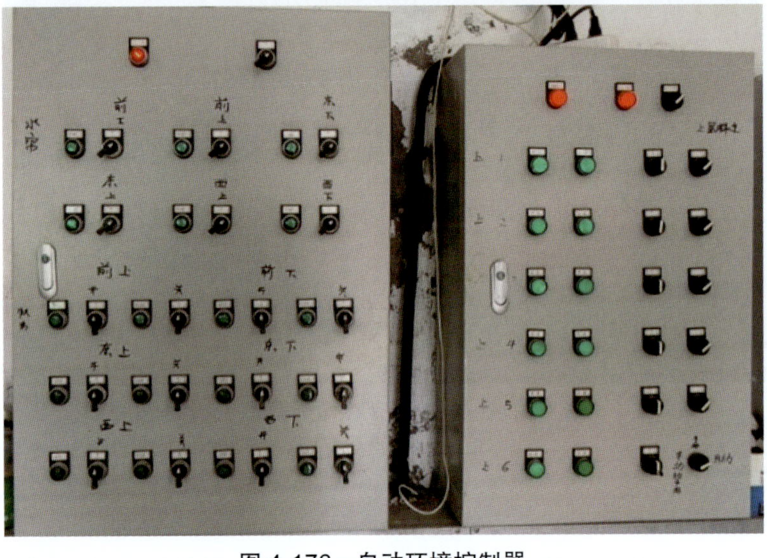

图 4-176　自动环境控制器

2）粪污处理环节

（1）自动清粪。公司采用自动清粪系统，鸡粪得以被高效自动地清理出鸡舍，有助于维持鸡舍内的卫生环境，减少粪便的积聚，降低氨气浓度和臭味，提高舍内空气质量，同时全程无须额外喷水，相较传统水冲清粪方式，显著节约了水资源。

（2）清理鸡舍。在鸡舍的清理环节中，蛋鸡场特别设立了雨水收集池，收集池经过精心设计，能够最大化地收集雨水，将其转化为清洁水源。每当雨季来临，雨水便自然而然地汇聚于收集地，经过简单过滤后，即可直接用于冲刷鸡舍。这一举措不仅显著减少了对地下水和自来水的依赖，有效节省了水资源，还降低了养殖成本。冲刷鸡舍见图 4-177。

图 4-177 冲刷鸡舍

四、节水成效

1）经济效益

在养殖环节中，采用了“水线 + 乳头式饮水器”的饮水系统，这种智能化、精准化的供水系统使得每年能够节约高达 300 t 的水资源；结合“湿帘 + 风机”的降温组合，不仅为鸡只提供了舒适的生长环境，还可节水约 100 t；此外，在粪污处理环节，通过优化清理流程，每年又能节省约 100 t 的水资源。综合各项节水措施，全年共节约用水约达 500 t。按照水价 7 元 /t 计算，每年可为公司节省资金 3 500 元，减少的污水处理费用更是高达 5 万多元，经济效益显著。

2）社会效益

通过节水技术的应用，如采用雨水收集系统和自动清粪系统，减少了养殖过程中对清洁水资源的依赖，减轻了周边的水资源压力。同时，这些措施也为其他行业树立了节水榜样，提升了公众对水资源的保护意识，促进了社会节水文化的形成。

3）生态效益

通过实施节水措施，如采用雨水收集利用、自动清粪系统等，有效降低了养殖过程中的清水用量，显著减少了污水排放。这一举措不仅保护了宝贵的水资源，还减轻了水体污染，促进了生态环境的保护与修复，展现了养殖场在可持续发展方面的积极努力与取得的显著生态效益。

4.4 肉牛养殖节水技术案例

案例一　天津绿盛源牧业有限公司

一、企业基本情况

天津绿盛源牧业有限公司是一家民营企业，成立于2020年，坐落于津冀交界地带的天津市宝坻区大钟庄镇，地理位置优越，交通便利，农产品资源丰富。公司占地面积27.3 hm^2，建有标准化牛舍27 000 m^2，正常存栏育肥牛1 200头，年出栏育肥牛可达5 000头以上，配备生物有机肥生产场地4 100 m^2，设计年生产生物有机肥6 000 t以上，全部用于44 hm^2 土地的种养循环。公司坚持走生态节约、绿色环保之路，在肉牛养殖中采用“源头减量、过程控制、末端利用”方式，节水、减抗、减排，确保肉牛产品质量安全的同时节本增效，减少碳排放，推动实现碳达峰、碳中和。公司正门见图4-178。

图4-178　天津绿盛源牧业有限公司正门

二、节水设备

1)饮水设备

肉牛饮水系统包括变频水泵、输水管、配电箱、电加热装置、水槽、水位保持装置。变频水泵见图4-179，配电箱、水槽见图4-180，水槽内电加热器见图4-181，水位保持装置见图4-182。

图 4-179　变频水泵

图 4-180　配电箱、水槽

图 4-181　水槽内电加热器

图 4-182　水位保持装置

2. 降温设备

降温设备包括电风扇和喷淋设备，分别见图 4-183 和图 4-184。

图 4-183　电风扇

图 4-184　喷淋降温系统

三、节水措施

1）饮水环节节水措施

公司肉牛养殖用水系统采用管道式水线，水线铺在地下，供水源头由变频泵控制，且 24 小时运转，水泵转速及水流大小可根据用水量自动调节。养殖场每个饮水槽都与地下水管连接，且能单独控制。饮水槽有设定水位的浮子，低于设定水位，变频泵能自动补水到设定水位，保证肉牛 24 小时都有清洁的饮用水，避免上水过量造成水资源浪费，以及水量过少导致肉牛饮水不足。饮水槽用水流程见图 4-185。

水源 ⟶ 变频水泵 ⟶ 输水管 ⟶ 水位保持装置 ⟶ 饮水槽

图 4-185　饮水槽用水流程

2）牛舍环境控制措施

养殖场配有喷淋、消毒等设备。其中喷淋系统根据夏季环境温湿度，人工控制喷淋时间和水流大小，实现精准喷淋，降低用水消耗量。喷淋用水、消毒用水设备采用管道式地下水线，供水源头通过变频泵控制其用水量。当喷淋、消毒等设施启动用水时，变频泵提高转速，供水增加；当设施关闭时，变频泵转速变慢，供水停止。喷淋、消毒设备用水流程见图 4-186。

水源 ⟶ 变频水泵 ⟶ 输水管 ⟶ 人工控制 ⟶ 喷淋设备（消毒设备）

图 4-186　喷淋消毒设备用水流程

3）建立节水考核激励制度

养殖场将节水环保纳入养殖管理的重要规程，在养殖场的管理制度中有针对性地建立节水环保制度，明确提出杜绝水资源浪费，并在每栋养殖舍中加装水表，每月分析研判用水量，优化用水措施，确保养殖必须用水，坚决杜绝非必须用水消耗。将节水环保制度纳入员工的激励奖励考核，可激发员工提升节水环保的意识和行为。

4）其他措施

（1）源头减量。肉牛养殖过程中可能出现因气温突变或疫病传播引起牛只生病的现象，该场在肉牛饲料中添加中草药，不仅能治疗疾病，还有食疗保健、减少发病的作用。例如，在饲料中添加山楂、黄芪等中草药和生物酵素等添加剂，可提高肉牛的机体抗病能力、助消化、减少甲烷等废气及粪的排放；夏季气温高时还可在饲料中添加解暑降温中草药如板蓝根、荆防败毒散、维生素 C 等，能有效预防中暑，缓解热应激，减少喷淋降温用水消耗。

（2）末端利用。养殖场采用种养循环模式，废水与粪污通过管道进入贮存池，再经过固液分离设备将液体与固体分开。液体进入发酵池发酵，发酵完成后经水肥一体化设施喷洒到承包的土地中，养殖废水得到进一步利用。固体经覆膜发酵仓发酵处理后，变成粪肥，将其抛撒于土地中，可提高土壤地力。种养循环模式大规模减少了养殖废水和废弃物的排放，实现了资源化利用，变废为宝，促进了养殖业节能、减排、环保和生态发展。

四、节水成效

（1）本场应用变频泵上水系统，成本低，没有二次上水污染，清洁卫生，与人工上水系统相比，可节省人工、防止水槽断水。

（2）应用夏季喷淋及消毒设备，减少肉牛夏季热应激，提高肉牛日增重，减少人工费用。

（3）采用节水制度激励员工增加责任心，减少用水浪费。

案例二　天津市蓟州区福源鼎盛肉牛养殖有限公司

一、企业基本情况

天津市蓟州区福源鼎盛肉牛养殖有限公司坐落于天津市蓟州区尤古庄镇仓桑公路以北 1 100 m 外，占地 9.7 hm^2，最大存栏量 6 000 头，现存栏 650 头。主要养殖品种为西门塔尔肉牛，兼养安格斯、夏洛来等肉牛品种，主要采用购置架子牛育肥模式，为冲抵养殖风险，兼顾自繁自养饲养模式，现存栏母牛近 200 头。现有牛棚 34 栋，建有钢结构草料库，建筑面积约 1 万 m^2。饲料库内建立有两个青贮窖，分别为 10 368 m^3 和 13 680 m^3。牛场配备全混合日粮（TMR）搅拌机、料罐、料车等生产设备。养殖场现有养殖人员 3 人，配备兼职兽医 1 人。公司正门见图 4-187。

图 4-187　天津市蓟州区福源鼎盛肉片养殖有限公司正门

二、节水设备

肉牛饮水设备包括节水水槽、变频水泵、输水管、饮水槽、水位保持装置等。深井见图 4-188，变频泵见图 4-189，水位保持装置见图 4-190，节水水槽见图 4-191。

三、节水措施

牛场采取的节水措施是控制饮水系统流速，其原理为在地下水井安装变频水泵，通过输水管直接连通饮水槽，之间设有贮水箱；饮水槽中设有水位保持装置（即浮漂），当浮漂水位低于设定的水位时，变频水泵运转上水，直至饮水槽中水位达到设定的水位，保证肉牛一直能喝到水。变频水泵设定早晨 4 点到晚上 9 点运转，根据需要给饮水槽上水；晚上 9 点到次日早晨 4 点停止运转。技术流程见图 4-192。

图 4-188　深井

图 4-189　变频泵

图 4-190　水位保持装置

图 4-191　节水水槽

水井 ——→ 变频水泵 ——→ 输水管 ——→ 水位保持装置 ——→ 饮水槽

图 4-192　技术流程

四、节水成效

本场应用变频泵上水系统，成本低，没有二次上水污染，清洁卫生。与人工上水系统相比，可节省人工，防止水槽空水。每年节省人工和水费约 10 000 元。

案例三　天津市津京冀牧业有限公司

一、企业基本情况

天津市津京冀牧业有限公司成立于2021年，位于天津市滨海新区太平镇大苏庄村东侧4 km处，是一家集牧草种植、肉牛饲养销售及深加工的大型综合企业。公司总投资3 649.26万元，占地面积约11 hm^2。公司养殖区一期工程建设牛舍28栋，隔离牛舍1栋，同时配有饲料加工车间、粪污处理区、无害化处理设备以及其他相关辅助设施。一期建成后，年存栏繁殖用母牛1 000头，育肥牛3 000头，犊牛500头，年利润可达1 061.30万元。目前公司在周边流转1 067 hm^2饲草种植耕地，主要种植玉米。每年可为公司提供3 000 t玉米和8 000 t全株玉米青贮饲料，利用发酵青贮技术将滨海新区特有的芦草变废为宝，通过裹包发酵替代蛋白饲料以减少对玉米和豆粕的依赖，并利用发酵技术将玉米进行囊式发酵，增强玉米适口性，提高纤维蛋白含量，提高饲料利用率。公司正门见图4-193。

图4-193　天津市津京冀牧业有限公司正门

二、节水设备

1)饮水系统

牛场饮水系统包括输水管、饮水槽、水位保持装置。饮水槽见图4-194，水位保持装置见图4-195。

图 4-194　饮水槽

图 4-195　水位保持装置

2)粪污处理系统

粪污处理设备包括吸粪车、清粪车,分别见图 4-196 和图 4-197。

图 4-196　吸粪车

图 4-197　清粪车

三、节水措施

1）饮水环节节水措施

该场采用饮水系统控制流速。通过自来水输水管连通饮水槽，管道和饮水槽之间设有水箱，饮水槽中装有水位保持装置，当水位低于设定的水位时，水位保持装置开通，饮水槽上水，直至水位达到设定的水位，以保证牲畜一直能喝到水。技术流程见图 4-198。

自来水管道 → 水位保持装置 → 饮水槽

图 4-198　技术流程

2）粪污处理系统回水循环利用

对于固体粪便，每天用清粪车清理，堆积到堆粪棚进行发酵，发酵需 6~12 个月，然后送到公司承包土地还田。对于液体粪污，发酵 6~12 个月后由吸粪车进行还田。粪污处理流程如图 4-199。

固体粪便 → 清粪车 → 堆粪棚（发酵6~12月）→ 还田

尿液糟渣 → 污水池塘（发酵6~12月）→ 吸粪车 → 还田

图 4-199　粪污处理流程

四、节水成效

在饮水槽中应用水位控制器，自动调节肉牛的饮用水，成本低，没有二次上水污染，清洁卫生。与人工上水系统相比，可节省人工，防止水槽空水。仅用水一项，公司每年约节省费用 3 000 元。

4.5　肉羊养殖节水技术案例

案例一　天津奥群牧业有限公司

一、基本情况

天津奥群牧业有限公司成立于 1998 年,位于滨海新区大港油田团泊洼生活基地。其中,国家肉羊核心育种场占地面积 35.3 hm^2,建筑总面积 4.143 万 m^2,种羊测定中心 2 400 m^2,拥有仪器设备 97 台,现存栏澳洲白羊和杜泊羊种羊 1 万余只。现有职工 132 人,其中技术人员 40 余人。公司为全程舍饲肉羊育种、繁育基地。公司建立至今,从选址、饲养、管理等方面着手,科学养殖,着力打造健康、节约肉羊养殖企业。

天津奥群牧业有限公司是集科研、育种、生产、推广和技术服务为一体的国家高新技术企业,20 多年专注于现代肉羊育种,本土化选育的澳洲白羊和杜泊羊成为"奥群种畜"知名农产品品牌。公司是全国首批国家肉羊核心育种场,在肉羊生产性能精准测定、遗传评估、基因组育种、育种与生产方案优化、繁育技术集成应用、成果示范推广方面都走在产业前列,并发挥着非常重要的引领、示范和推广作用。公司正门见图 4-200。

图 4-200　天津奥群牧业有限公司正门

二、节水设备

1)饮水设备

养殖区采用自动饮水碗设备,饮水碗由碗体和弹簧阀门组成。碗体用于储存水,而弹簧阀门用于控制水的流出。饮水碗可有效节水、节省空间、干净卫生。自动饮水碗见图 4-201。

图 4-201　自动饮水碗

2)粪污处理系统

公司采用全自动刮粪机。机器启动时,刮粪板的控制系统打开,通过选择适当的工作模式,启动动力源,刮板开始在地面上来回移动。在刮粪过程中,刮板将地面上的粪便刮集到指定地点。在刮粪完成后,刮粪板会自动将粪便排放到指定的处置系统中。全自动刮粪机见图 4-202。

图 4-202　全自动刮粪机

三、节水措施

1)养殖环节节水措施

公司将肉羊饮水设备由传统的饮水槽改为自动饮水碗。当羊靠近饮水碗并准备饮水时，会用鼻梁或嘴巴拱动柱形压阀，拱动压阀的动作会推动出水阀，打开水路，水从水管流入水碗供羊饮用。羊饮水后，压板在弹簧的作用下自动复位，切断水路，停止供水。其通过改进饮水设备，减少了饮水环节的水资源浪费，节约了水资源。饮水场景见图4-203。

图4-203　饮水场景

2)粪污处理节水措施

公司采用干清粪工艺清理粪便，与之前的水冲清粪相比，不仅可以节约大量用水，还有助于减少对地下水的污染。羊的粪便和尿液通过羊的踩踏从漏缝地板直接漏到下面的粪沟中，粪沟采用全自动刮粪机清粪，可降低人工清粪成本。刮粪场景见图4-204。

四、节水成效

1)经济效益

饮水碗采用了节电设计，相比其他饮水系统，能够节约电能50%~80%。饮水碗由于容积很小，夏季水蒸发量就特别小，可减少水蒸发量的80%。同时，自动饮水碗与传统饮水槽相比，能够避免饮水浪费。公司采用干清粪工艺，减少了水冲清粪的用水量，也减少了末端处理污水的水量。总之，自动饮水碗的使用能够节省时间和人力成本，可显著节约水资源，减少用水支出，取得良好的经济效益。

2)社会效益

公司通过采取节水措施，推动了养殖业向更加环保高效的方向发展，符合现代农业生产的发展趋势。

图 4-204 刮粪场景

3)生态效益

公司采用全自动干清粪工艺提高了粪污清理效率,减少了羊粪对羊舍环境的污染,有助于提高羊只的舒适度。全自动干清粪无污水产生,减少了水的浪费,也间接减少了污水的产生和排放,对环境保护起到了积极作用。

案例二　天津市腾源畜牧养殖有限公司

一、基本情况

天津市腾源畜牧养殖有限公司成立于 2013 年，位于滨海新区中塘镇甜水井村西侧，总投资 3.6 亿元，占地面积 73 万 m^2，总建筑面积 16 万 m^2，其中核心养殖区建设标准化羊舍 81 栋，面积 11 万 m^2。公司以养殖湖羊为主，现存栏 5 万余只，其中基础母羊 3 万余只、育肥羊 1 万余只、后备羊 1 万余只。现有职工 85 人，其中具有大专以上学历的技术人员 15 人。公司正门见图 4-205。

图 4-205　天津市腾源畜牧养殖有限公司正门

二、节水设备

公司粪污处理方式为干清粪，粪污处理设备为全自动刮粪机。该设备采用一键式操作技术，只需一个人操控按键，便能极大地提高日常管理的工作效率，同时也能节省养殖场的时间和人力成本。全自动刮粪机见图 4-206。

三、节水措施

公司采用干清粪代替水冲式清理粪便，可以节约用水，有助于减少对地下水的污染。羊的粪便和尿液通过漏缝地板直接下漏到粪沟，粪沟采用全自动刮粪机清粪，将粪便聚集到羊舍一端，然后运到堆粪棚集中贮存。

四、节水成效

采用全自动干清粪工艺无污水产生。相比于传统手工清理方式，使用全自动刮粪机可以提高日常清粪效率，在节约用水的同时还能够节省时间和人力成本。及时清理畜禽舍内的粪便，既保持畜禽舍内环境清洁，又减少疾病发生，有助于后期的无害化处理，避免致病微生物传播，减少了羊粪对羊舍环境的污染，有助于羊只的健康成长。

图 4-206　全自动刮粪机

案例三　旭威牧业(天津)有限公司

一、基本情况

旭威牧业(天津)有限公司成立于 2022 年,注册资金 5 000 万元,位于天津市宝坻区大口屯镇津围公路东侧。公司占地面积 2.7 hm^2,其中母羊舍 900 m^2、羔羊舍 300 m^2、育肥羊舍 500 m^2。公司为全程舍饲肉羊繁育基地,建立至今,从选址、饲养、管理等方面着手科学养殖,着力打造健康节约肉羊养殖企业。公司正门见图 4-207。

图 4-207　旭威牧业(天津)有限公司正门

二、节水设备

公司粪污处理系统采用全自动刮粪机,适应不同宽度的粪槽,利用电机和减速机带动刮粪板移动完成清粪工作。其优点是刮板自动收放、噪声低、清粪干净、寿命长、操作简单、无人化管理、减少劳动力、减轻劳动强度。全自动刮粪机见图 4-208。

三、节水措施

1)养殖场环境控制措施

肉羊场被树林包围,冬天风力小,夏天温度较周边低,冬暖夏凉。肉羊舍为半开放式,顶层高,通风良好。夏季四周卷帘可卷起,将热气和湿气排出舍外,可显著降低舍内温度,从而最大限度减少因散热而引起的水量消耗。

2)粪污处理环节节水措施

采用干清粪代替水冲式清理粪便,降低用水量和污水排放量,提高清粪效率,降低劳动强度,节省人力成本,能够有效地收集和处理羊舍中产生的粪便和污染物质,从而减少环境污染。公司场景见图 4-209。

图 4-208　全自动刮粪机

图 4-209　公司场景

四、节水成效

使用干清粪粪污清理模式，定期用刮粪板清理羊粪，堆积发酵后用于农田，减少水冲粪造成的水消耗，实现节约用水。与传统手工清理方式相比，使用全自动刮粪机可以提高日常清粪效率，节省时间和人力成本。

附　录

国家节水行动方案(全文)

为贯彻落实党的十九大精神,大力推动全社会节水,全面提升水资源利用效率,形成节水型生产生活方式,保障国家水安全,促进高质量发展,制定本行动方案。

一、重大意义

水是事关国计民生的基础性自然资源和战略性经济资源,是生态环境的控制性要素。我国人多水少,水资源时空分布不均,供需矛盾突出,全社会节水意识不强、用水粗放、浪费严重,水资源利用效率与国际先进水平存在较大差距,水资源短缺已经成为生态文明建设和经济社会可持续发展的瓶颈制约。要从实现中华民族永续发展和加快生态文明建设的战略高度认识节水的重要性,大力推进农业、工业、城镇等领域节水,深入推动缺水地区节水,提高水资源利用效率,形成全社会节水的良好风尚,以水资源的可持续利用支撑经济社会持续健康发展。

二、总体要求

(一)指导思想。以习近平新时代中国特色社会主义思想为指导,全面贯彻党的十九大和十九届二中、三中全会精神,认真落实党中央、国务院决策部署,统筹推进“五位一体”总体布局和协调推进“四个全面”战略布局,牢固树立和贯彻落实新发展理念,坚持节水优先方针,把节水作为解决我国水资源短缺问题的重要举措,贯穿到经济社会发展全过程和各领域,强化水资源承载能力刚性约束,实行水资源消耗总量和强度双控,落实目标责任,聚焦重点领域和缺水地区,实施重大节水工程,加强监督管理,增强全社会节水意识,大力推动节水制度、政策、技术、机制创新,加快推进用水方式由粗放向节约集约转变,提高用水效率,为建设生态文明和美丽中国、实现“两个一百年”奋斗目标奠定坚实基础。

(二)基本原则

整体推进、重点突破。优化用水结构,多措并举,在各领域、各地区全面推进水资源高效利用,在地下水超采地区、缺水地区、沿海地区率先突破。

技术引领、产业培育。强化科技支撑,推广先进适用节水技术与工艺,加快成果转化,推进节水技术装备产品研发及产业化,大力培育节水产业。

政策引导、两手发力。建立健全节水政策法规体系,完善市场机制,使市场在资源配置中起决定性作用和更好发挥政府作用,激发全社会节水内生动力。

加强领导、凝聚合力。加强党和政府对节水工作的领导,建立水资源督察和责任追究制度,加大节水宣传教育力度,全面建设节水型社会。

(三)主要目标

到 2020 年,节水政策法规、市场机制、标准体系趋于完善,技术支撑能力不断增强,管理机制逐步健全,节水效果初步显现。万元国内生产总值用水量、万元工业增加值用水量较 2015 年分别降低 23% 和 20%,规模以上工业用水重复利用率达到 91% 以上,农田灌溉水有效利用系数提高到 0.55 以上,全国公共供水管网漏损率控制在 10% 以内。

到2022年,节水型生产和生活方式初步建立,节水产业初具规模,非常规水利用占比进一步增大,用水效率和效益显著提高,全社会节水意识明显增强。万元国内生产总值用水量、万元工业增加值用水量较2015年分别降低30%和28%,农田灌溉水有效利用系数提高到0.56以上,全国用水总量控制在6 700亿立方米以内。

到2035年,形成健全的节水政策法规体系和标准体系、完善的市场调节机制、先进的技术支撑体系,节水护水惜水成为全社会自觉行动,全国用水总量控制在7 000亿立方米以内,水资源节约和循环利用达到世界先进水平,形成水资源利用与发展规模、产业结构和空间布局等协调发展的现代化新格局。

三、重点行动

(一)总量强度双控

1. 强化指标刚性约束。严格实行区域流域用水总量和强度控制。健全省、市、县三级行政区域用水总量、用水强度控制指标体系,强化节水约束性指标管理,加快落实主要领域用水指标。划定水资源承载能力地区分类,实施差别化管控措施,建立监测预警机制。水资源超载地区要制定并实施用水总量削减计划。到2020年,建立覆盖主要农作物、工业产品和生活服务业的先进用水定额体系。

2. 严格用水全过程管理。严控水资源开发利用强度,完善规划和建设项目水资源论证制度,以水定城、以水定产,合理确定经济布局、结构和规模。2019年底,出台重大规划水资源论证管理办法。严格实行取水许可制度。加强对重点用水户、特殊用水行业用水户的监督管理。以县域为单元,全面开展节水型社会达标建设,到2022年,北方50%以上、南方30%以上县(区)级行政区达到节水型社会标准。

3. 强化节水监督考核。逐步建立节水目标责任制,将水资源节约和保护的主要指标纳入经济社会发展综合评价体系,实行最严格水资源管理制度考核。完善监督考核工作机制,强化部门协作,严格节水责任追究。严重缺水地区要将节水作为约束性指标纳入政绩考核。到2020年,建立国家和省级水资源督察和责任追究制度。

(二)农业节水增效

4. 大力推进节水灌溉。加快灌区续建配套和现代化改造,分区域规模化推进高效节水灌溉。结合高标准农田建设,加大田间节水设施建设力度。开展农业用水精细化管理,科学合理确定灌溉定额,推进灌溉试验及成果转化。推广喷灌、微灌、滴灌、低压管道输水灌溉、集雨补灌、水肥一体化、覆盖保墒等技术。加强农田土壤墒情监测,实现测墒灌溉。2020年前,每年发展高效节水灌溉面积2 000万亩、水肥一体化面积2 000万亩。到2022年,创建150个节水型灌区和100个节水农业示范区。

5. 优化调整作物种植结构。根据水资源条件,推进适水种植、量水生产。加快发展旱作农业,实现以旱补水。在干旱缺水地区,适度压减高耗水作物,扩大低耗水和耐旱作物种植比例,选育推广耐旱农作物新品种;在地下水严重超采地区,实施轮作休耕,适度退减灌溉面积,积极发展集雨节灌,增强蓄水保墒能力,严格限制开采深层地下水用于农业灌溉。

到2022年，创建一批旱作农业示范区。

6. 推广畜牧渔业节水方式。实施规模养殖场节水改造和建设，推行先进适用的节水型畜禽养殖方式，推广节水型饲喂设备、机械干清粪等技术和工艺。发展节水渔业、牧业，大力推进稻渔综合种养，加强牧区草原节水，推广应用海淡水工厂化循环水和池塘工程化循环水等养殖技术。到2022年，建设一批畜牧节水示范工程。

7. 加快推进农村生活节水。在实施农村集中供水、污水处理工程和保障饮用水安全基础上，加强农村生活用水设施改造，在有条件的地区推动计量收费。加快村镇生活供水设施及配套管网建设与改造。推进农村“厕所革命”，推广使用节水器具，创造良好节水条件。

（三）工业节水减排

8. 大力推进工业节水改造。完善供用水计量体系和在线监测系统，强化生产用水管理。大力推广高效冷却、洗涤、循环用水、废污水再生利用、高耗水生产工艺替代等节水工艺和技术。支持企业开展节水技术改造及再生水回用改造，重点企业要定期开展水平衡测试、用水审计及水效对标。对超过取水定额标准的企业分类分步限期实施节水改造。到2020年，水资源超载地区年用水量1万立方米及以上的工业企业用水计划管理实现全覆盖。

9. 推动高耗水行业节水增效。实施节水管理和改造升级，采用差别水价以及树立节水标杆等措施，促进高耗水企业加强废水深度处理和达标再利用。严格落实主体功能区规划，在生态脆弱、严重缺水和地下水超采地区，严格控制高耗水新建、改建、扩建项目，推进高耗水企业向水资源条件允许的工业园区集中。对采用列入淘汰目录工艺、技术和装备的项目，不予批准取水许可；未按期淘汰的，有关部门和地方政府要依法严格查处。到2022年，在火力发电、钢铁、纺织、造纸、石化和化工、食品和发酵等高耗水行业建成一批节水型企业。

10. 积极推行水循环梯级利用。推进现有企业和园区开展以节水为重点内容的绿色高质量转型升级和循环化改造，加快节水及水循环利用设施建设，促进企业间串联用水、分质用水，一水多用和循环利用。新建企业和园区要在规划布局时，统筹供排水、水处理及循环利用设施建设，推动企业间的用水系统集成优化。到2022年，创建100家节水标杆企业、50家节水标杆园区。

（四）城镇节水降损

11. 全面推进节水型城市建设。提高城市节水工作系统性，将节水落实到城市规划、建设、管理各环节，实现优水优用、循环循序利用。落实城市节水各项基础管理制度，推进城镇节水改造；结合海绵城市建设，提高雨水资源利用水平；重点抓好污水再生利用设施建设与改造，城市生态景观、工业生产、城市绿化、道路清扫、车辆冲洗和建筑施工等，应当优先使用再生水，提升再生水利用水平，鼓励构建城镇良性水循环系统。到2020年，地级及以上缺水城市全部达到国家节水型城市标准。

12. 大幅降低供水管网漏损。加快制定和实施供水管网改造建设实施方案，完善供水管网检漏制度。加强公共供水系统运行监督管理，推进城镇供水管网分区计量管理，建立精细化管理平台和漏损管控体系，协同推进二次供水设施改造和专业化管理。重点推动东北等管网高漏损地区的节水改造。到 2020 年，在 100 个城市开展城市供水管网分区计量管理。

13. 深入开展公共领域节水。缺水城市园林绿化宜选用适合本地区的节水耐旱型植被，采用喷灌、微灌等节水灌溉方式。公共机构要开展供水管网、绿化浇灌系统等节水诊断，推广应用节水新技术、新工艺和新产品，提高节水器具使用率。大力推广绿色建筑，新建公共建筑必须安装节水器具。推动城镇居民家庭节水，普及推广节水型用水器具。到 2022 年，中央国家机关及其所属在京公共机构、省直机关及 50% 以上的省属事业单位建成节水型单位，建成一批具有典型示范意义的节水型高校。

14. 严控高耗水服务业用水。从严控制洗浴、洗车、高尔夫球场、人工滑雪场、洗涤、宾馆等行业用水定额。洗车、高尔夫球场、人工滑雪场等特种行业积极推广循环用水技术、设备与工艺，优先利用再生水、雨水等非常规水源。

（五）重点地区节水开源

15. 在超采地区削减地下水开采量。以华北地区为重点，加快推进地下水超采区综合治理。加快实施新型窖池高效集雨。严格机电井管理，限期关闭未经批准和公共供水管网覆盖范围内的自备水井。完善地下水监测网络，超采区内禁止工农业及服务业新增取用地下水。采取强化节水、置换水源、禁采限采、关井压田等措施，压减地下水开采量。到 2022 年，京津冀地区城镇力争全面实现采补平衡。

16. 在缺水地区加强非常规水利用。加强再生水、海水、雨水、矿井水和苦咸水等非常规水多元、梯级和安全利用。强制推动非常规水纳入水资源统一配置，逐年提高非常规水利用比例，并严格考核。统筹利用好再生水、雨水、微咸水等用于农业灌溉和生态景观。新建小区、城市道路、公共绿地等因地制宜配套建设雨水集蓄利用设施。严禁盲目扩大景观、娱乐水域面积，生态用水优先使用非常规水，具备使用非常规水条件但未充分利用的建设项目不得批准其新增取水许可。到 2020 年，缺水城市再生水利用率达到 20% 以上。到 2022 年，缺水城市非常规水利用占比平均提高 2 个百分点。

17. 在沿海地区充分利用海水。高耗水行业和工业园区用水要优先利用海水，在离岸有居民海岛实施海水淡化工程。加大海水淡化工程自主技术和装备的推广应用，逐步提高装备国产化率。沿海严重缺水城市可将海水淡化水作为市政新增供水及应急备用的重要水源。

（六）科技创新引领

18. 加快关键技术装备研发。推动节水技术与工艺创新，瞄准世界先进技术，加大节水产品和技术研发，加强大数据、人工智能、区块链等新一代信息技术与节水技术、管理及产品的深度融合。重点支持用水精准计量、水资源高效循环利用、精准节水灌溉控制、管网漏损监测智能化、非常规水利用等先进技术及适用设备研发。

19. 促进节水技术转化推广。建立“政产学研用”深度融合的节水技术创新体系，加快节水科技成果转化，推进节水技术、产品、设备使用示范基地、国家海水利用创新示范基地和节水型社会创新试点建设。鼓励通过信息化手段推广节水产品和技术，拓展节水科技成果及先进节水技术工艺推广渠道，逐步推动节水技术成果市场化。

20. 推动技术成果产业化。鼓励企业加大节水装备及产品研发、设计和生产投入，降低节水技术工艺与装备产品成本，提高节水装备与产品质量，提升中高端品牌的差异化竞争力，构建节水装备及产品的多元化供给体系。发展具有竞争力的第三方节水服务企业，提供社会化、专业化、规范化节水服务，培育节水产业。到2022年，培育一批技术水平高、带动能力强的节水服务企业。

四、深化体制机制改革

（一）政策制度推动

1. 全面深化水价改革。深入推进农业水价综合改革，同步建立农业用水精准补贴。建立健全充分反映供水成本、激励提升供水质量、促进节约用水的城镇供水价格形成机制和动态调整机制，适时完善居民阶梯水价制度，全面推行城镇非居民用水超定额累进加价制度，进一步拉大特种用水与非居民用水的价差。

2. 推动水资源税改革。与水价改革协同推进，探索建立合理的水资源税制度体系，及时总结评估水资源税扩大试点改革经验，科学设置差别化税率体系，加大水资源税改革力度，发挥促进水资源节约的调节作用。

3. 加强用水计量统计。推进取用水计量统计，提高农业灌溉、工业和市政用水计量率。完善农业用水计量设施，配备工业及服务业取用水计量器具，全面实施城镇居民“一户一表”改造。建立节水统计调查和基层用水统计管理制度，加强对农业、工业、生活、生态环境补水四类用水户涉水信息管理。对全国规模以上工业企业用水情况进行统计监测。到2022年，大中型灌区渠首和干支渠口门实现取水计量。

4. 强化节水监督管理。严格实行计划用水监督管理。对重点地区、领域、行业、产品进行专项监督检查。实行用水报告制度，鼓励年用水总量超过10万立方米的企业或园区设立水务经理。建立倒逼机制，将用水户违规记录纳入全国统一的信用信息共享平台。到2020年，建立国家、省、市三级重点监控用水单位名录。到2022年，将年用水量50万立方米以上的工业和服务业用水单位全部纳入重点监控用水单位名录。

5. 健全节水标准体系。加快农业、工业、城镇以及非常规水利用等各方面节水标准制修订工作。建立健全国家和省级用水定额标准体系。逐步建立节水标准实时跟踪、评估和监督机制。到2022年，节水标准达到200项以上，基本覆盖取水定额、节水型公共机构、节水型企业、产品水效、水利用与处理设备、非常规水利用、水回用等方面。

（二）市场机制创新

6. 推进水权水市场改革。推进水资源使用权确权，明确行政区域取用水权益，科学核定取用水户许可水量。探索流域内、地区间、行业间、用水户间等多种形式的水权交易。在满足自身用水情况下，对节约出的水量进行有偿转让。建立农业水权制度。对用水总量达到或超过区域总量控制指标或江河水量分配指标的地区，可通过水权交易解决新增用水需求。加强水权交易监管，规范交易平台建设和运营。

7. 推行水效标识建设。对节水潜力大、适用面广的用水产品施行水效标识管理。开展产品水效检测，确定水效等级，分批发布产品水效标识实施规则，强化市场监督管理，加大专项检查抽查力度，逐步淘汰水效等级较低产品。到 2022 年，基本建立坐便器、水嘴、淋浴器等生活用水产品水效标识制度，并扩展到农业、工业和商用设备等领域。

8. 推动合同节水管理。创新节水服务模式，建立节水装备及产品的质量评级和市场准入制度，完善工业水循环利用设施、集中建筑中水设施委托运营服务机制，在公共机构、公共建筑、高耗水工业、高耗水服务业、农业灌溉、供水管网漏损控制等领域，引导和推动合同节水管理。开展节水设计、改造、计量和咨询等服务，提供整体解决方案。拓展投融资渠道，整合市场资源要素，为节水改造和管理提供服务。

9. 实施水效领跑和节水认证。在用水产品、用水企业、灌区、公共机构和节水型城市开展水效领跑者引领行动。制定水效领跑者指标，发布水效领跑者名单，树立节水先进标杆，鼓励开展水效对标达标活动。持续推动节水认证工作，促进节水产品认证逐步向绿色产品认证过渡，完善相关认证结果采信机制。到 2022 年，遴选出 50 家水效领跑者工业企业、50 个水效领跑者用水产品型号、20 个水效领跑者灌区以及一批水效领跑者公共机构和水效领跑者城市。

五、保障措施

（一）加强组织领导。加强党对节水工作的领导，统筹推动节水工作。国务院有关部门按照职责分工做好相关节水工作。水利部牵头，会同发展改革委、住房城乡建设部、农业农村部等部门建立节约用水工作部际协调机制，协调解决节水工作中的重大问题。地方各级党委和政府对本辖区节水工作负总责，制定节水行动实施方案，确保节水行动各项任务完成。

（二）推动法治建设。完善节水法律法规，规范全社会用水行为。开展节约用水立法前期研究。加快制订和出台节约用水条例，到 2020 年力争颁布施行。各省（自治区、直辖市）要加快制定地方性法规，完善节水管理。

（三）完善财税政策。积极发挥财政职能作用，重点支持农业节水灌溉、地下水超采区综合治理、水资源节约保护、城市供水管网漏损控制、节水标准制修定、节水宣传教育等。完善助力节水产业发展的价格、投资等政策，落实节水税收优惠政策，充分发挥相关税收优惠政策对节水技术研发、企业节水、水资源保护和再利用等方面的支持作用。

（四）拓展融资模式。完善金融和社会资本进入节水领域的相关政策，积极发挥银行等金融机构作用，依法合规支持节水工程建设、节水技术改造、非常规水源利用等项目。采用直接投资、投资补助、运营补贴等方式，规范支持政府和社会资本合作项目，鼓励和引导社会资本参与有一定收益的节水项目建设和运营。鼓励金融机构对符合贷款条件的节水项目优先给予支持。

（五）提升节水意识。加强国情水情教育，逐步将节水纳入国家宣传、国民素质教育和中小学教育活动，向全民普及节水知识。加强高校节水相关专业人才培养。开展世界水日、中国水周、全国城市节水宣传周等形式多样的主题宣传活动，倡导简约适度的消费模式，提高全民节水意识。鼓励各相关领域开展节水型社会、节水型单位等创建活动。

（六）开展国际合作。建立交流合作机制，推进国家间、城市间、企业和社团间节水合作与交流。对标国际节水先进水平，加强节水政策、管理、装备和产品制造、技术研发应用、水效标准标识及节水认证结果互认等方面的合作，开展节水项目国际合作示范。

节约用水条例

第一章 总 则

第一条 为了促进全社会节约用水，保障国家水安全，推进生态文明建设，推动高质量发展，根据《中华人民共和国水法》等有关法律，制定本条例。

第二条 本条例所称节约用水（以下简称节水），是指通过加强用水管理、转变用水方式，采取技术上可行、经济上合理的措施，降低水资源消耗、减少水资源损失、防止水资源浪费，合理、有效利用水资源的活动。

第三条 节水工作应当坚持中国共产党的领导，贯彻总体国家安全观，统筹发展和安全，遵循统筹规划、综合施策、因地制宜、分类指导的原则，坚持总量控制、科学配置、高效利用，坚持约束和激励相结合，建立政府主导、各方协同、市场调节、公众参与的节水机制。

第四条 国家厉行节水，坚持和落实节水优先方针，深入实施国家节水行动，全面建设节水型社会。

任何单位和个人都应当依法履行节水义务。

第五条 国家建立水资源刚性约束制度，坚持以水定城、以水定地、以水定人、以水定产，优化国土空间开发保护格局，促进人口和城市科学合理布局，构建与水资源承载能力相适应的现代产业体系。

第六条 县级以上人民政府应当将节水工作纳入国民经济和社会发展有关规划、年度计划，加强对节水工作的组织领导，完善并推动落实节水政策和保障措施，统筹研究和协调解决节水工作中的重大问题。

第七条 国务院水行政主管部门负责全国节水工作。国务院住房城乡建设主管部门按照职责分工指导城市节水工作。国务院发展改革、工业和信息化、农业农村、自然资源、市场监督管理、科技、教育、机关事务管理等主管部门按照职责分工做好节水有关工作。

县级以上地方人民政府有关部门按照职责分工做好节水工作。

第八条 国家完善鼓励和支持节水产业发展、科技创新的政策措施，加强节水科技创新能力建设和产业化应用，强化科技创新对促进节水的支撑作用。

第九条 国家加强节水宣传教育和科学普及，提升全民节水意识和节水技能，促进形成自觉节水的社会共识和良好风尚。

国务院有关部门、县级以上地方人民政府及其有关部门、乡镇人民政府、街道办事处应当组织开展多种形式的节水宣传教育和知识普及活动。

新闻媒体应当开展节水公益宣传，对浪费水资源的行为进行舆论监督。

第二章 用水管理

第十条 国务院有关部门按照职责分工，根据国民经济和社会发展规划、全国水资源战略规划编制全国节水规划。县级以上地方人民政府根据经济社会发展需要、水资源状况和上级节水规划，组织编制本行政区域的节水规划。

节水规划应当包括水资源状况评价、节水潜力分析、节水目标、主要任务和措施等内容。

第十一条　国务院水行政、标准化主管部门组织制定全国主要农作物、重点工业产品和服务业等的用水定额（以下称国家用水定额）。组织制定国家用水定额，应当征求国务院有关部门和省、自治区、直辖市人民政府的意见。

省、自治区、直辖市人民政府根据实际需要，可以制定严于国家用水定额的地方用水定额；国家用水定额未作规定的，可以补充制定地方用水定额。地方用水定额由省、自治区、直辖市人民政府有关行业主管部门提出，经同级水行政、标准化主管部门审核同意后，由省、自治区、直辖市人民政府公布，并报国务院水行政、标准化主管部门备案。

用水定额应当根据经济社会发展水平、水资源状况、产业结构变化和技术进步等情况适时修订。

第十二条　县级以上地方人民政府水行政主管部门会同有关部门，根据用水定额、经济技术条件以及水量分配方案、地下水控制指标等确定的可供本行政区域使用的水量，制定本行政区域年度用水计划，对年度用水实行总量控制。

第十三条　国家对用水达到一定规模的单位实行计划用水管理。

用水单位的用水计划应当根据用水定额、本行政区域年度用水计划制定。对直接取用地下水、地表水的用水单位，用水计划由县级以上地方人民政府水行政主管部门或者相应流域管理机构制定；对使用城市公共供水的用水单位，用水计划由城市节水主管部门会同城市供水主管部门制定。

用水单位计划用水管理的具体办法由省、自治区、直辖市人民政府制定。

第十四条　用水应当计量。对不同水源、不同用途的水应当分别计量。

县级以上地方人民政府应当加强农业灌溉用水计量设施建设。水资源严重短缺地区、地下水超采地区应当限期建设农业灌溉用水计量设施。农业灌溉用水暂不具备计量条件的，可以采用以电折水等间接方式进行计量。

任何单位和个人不得侵占、损毁、擅自移动用水计量设施，不得干扰用水计量。

第十五条　用水实行计量收费。国家建立促进节水的水价体系，完善与经济社会发展水平、水资源状况、用水定额、供水成本、用水户承受能力和节水要求等相适应的水价形成机制。

城镇居民生活用水和具备条件的农村居民生活用水实行阶梯水价，非居民用水实行超定额（超计划）累进加价。

农业水价应当依法统筹供水成本、水资源稀缺程度和农业用水户承受能力等因素合理制定，原则上不低于工程运行维护成本。对具备条件的农业灌溉用水，推进实行超定额累进加价。

再生水、海水淡化水的水价在地方人民政府统筹协调下由供需双方协商确定。

第十六条　水资源严重短缺地区、地下水超采地区应当严格控制高耗水产业项目建设，禁止新建并限期淘汰不符合国家产业政策的高耗水产业项目。

第十七条　国家对节水潜力大、使用面广的用水产品实行水效标识管理，并逐步淘汰水效等级较低的用水产品。水效标识管理办法由国务院发展改革主管部门会同国务院有关部门制定。

第十八条　国家鼓励对节水产品实施质量认证，通过认证的节水产品可以按照规定使用认证标志。认证基本规范、认证规则由国务院认证认可监督管理部门会同国务院有关部门制定。

第十九条　新建、改建、扩建建设项目，建设单位应当根据工程建设内容制定节水措施方案，配套建设节水设施。节水设施应当与主体工程同时设计、同时施工、同时投入使用。节水设施建设投资纳入建设项目总投资。

第二十条　国家逐步淘汰落后的、耗水量高的技术、工艺、设备和产品，具体名录由国务院发展改革主管部门会同国务院工业和信息化、水行政、住房城乡建设等有关部门制定并公布。

禁止生产、销售列入前款规定名录的技术、工艺、设备和产品。从事生产经营活动的使用者应当限期停止使用列入前款规定名录的技术、工艺、设备和产品。

第二十一条　国家建立健全节水标准体系。

国务院有关部门依法组织制定并适时修订有关节水的国家标准、行业标准。

国家鼓励有关社会团体、企业依法制定严于国家标准、行业标准的节水团体标准、企业标准。

第二十二条　国务院有关部门依法建立节水统计调查制度，定期公布节水统计信息。

第三章　节水措施

第二十三条　县级以上人民政府及其有关部门应当根据经济社会发展水平和水资源状况，引导农业生产经营主体合理调整种植养殖结构和农业用水结构，积极发展节水型农业，因地制宜发展旱作农业。

国家对水资源短缺地区发展节水型农业给予重点扶持。

第二十四条　国家支持耐旱农作物新品种以及土壤保墒、水肥一体化、养殖废水资源化利用等种植业、养殖业节水技术的研究和推广。

县级以上人民政府及其有关部门应当组织开展节水农业试验示范和技术培训，指导农业生产经营主体使用节水技术。

第二十五条　国家发展节水灌溉，推广喷灌、微灌、管道输水灌溉、渠道防渗输水灌溉、集雨补灌等节水灌溉技术，提高灌溉用水效率。水资源短缺地区、地下水超采地区应当优先发展节水灌溉。

县级以上人民政府及其有关部门应当支持和推动节水灌溉工程设施建设。新建灌溉工程设施应当符合节水灌溉工程技术标准。已经建成的灌溉工程设施不符合节水灌溉工程技术标准的,应当限期进行节水改造。

第二十六条　国家加快推进农村生活节水。

县级以上地方人民政府及其有关部门应当加强农村生活供水设施以及配套管网建设和改造,推广使用生活节水器具。

第二十七条　工业企业应当加强内部用水管理,建立节水管理制度,采用分质供水、高效冷却和洗涤、循环用水、废水处理回用等先进、适用节水技术、工艺和设备,降低单位产品(产值)耗水量,提高水资源重复利用率。高耗水工业企业用水水平超过用水定额的,应当限期进行节水改造。

工业企业的生产设备冷却水、空调冷却水、锅炉冷凝水应当回收利用。高耗水工业企业应当逐步推广废水深度处理回用技术措施。

第二十八条　新建、改建、扩建工业企业集聚的各类开发区、园区等(以下统称工业集聚区)应当统筹建设供水、排水、废水处理及循环利用设施,推动企业间串联用水、分质用水,实现一水多用和循环利用。

国家鼓励已经建成的工业集聚区开展以节水为重点内容的绿色高质量转型升级和循环化改造,加快节水及水循环利用设施建设。

第二十九条　县级以上地方人民政府应当加强对城市建成区内生产、生活、生态用水的统筹,将节水要求落实到城市规划、建设、治理的各个环节,全面推进节水型城市建设。

第三十条　公共供水企业和自建用水管网设施的单位应当加强供水、用水管网设施运行和维护管理,建立供水、用水管网设施漏损控制体系,采取措施控制水的漏损。超出供水管网设施漏损控制国家标准的漏水损失,不得计入公共供水企业定价成本。

县级以上地方人民政府有关部门应当加强对公共供水管网设施运行的监督管理,支持和推动老旧供水管网设施改造。

第三十一条　国家把节水作为推广绿色建筑的重要内容,推动降低建筑运行水耗。

新建、改建、扩建公共建筑应当使用节水器具。

第三十二条　公共机构应当发挥节水表率作用,建立健全节水管理制度,率先采用先进的节水技术、工艺、设备和产品,开展节水改造,积极建设节水型单位。

第三十三条　城镇园林绿化应当提高用水效率。

水资源短缺地区城镇园林绿化应当优先选用适合本地区的节水耐旱型植被,采用喷灌、微灌等节水灌溉方式。

水资源短缺地区应当严格控制人造河湖等景观用水。

第三十四条　县级以上地方人民政府应当根据水资源状况,将再生水、集蓄雨水、海水及海水淡化水、矿坑(井)水、微咸水等非常规水纳入水资源统一配置。

水资源短缺地区县级以上地方人民政府应当制定非常规水利用计划,提高非常规水利用比例，对具备使用非常规水条件但未合理使用的建设项目，不得批准其新增取水许可。

第三十五条　县级以上地方人民政府应当统筹规划、建设污水资源化利用基础设施，促进污水资源化利用。

城市绿化、道路清扫、车辆冲洗、建筑施工以及生态景观等用水，应当优先使用符合标准要求的再生水。

第三十六条　县级以上地方人民政府应当推进海绵城市建设，提高雨水资源化利用水平。

开展城市新区建设、旧城区改造和市政基础设施建设等，应当按照海绵城市建设要求，因地制宜规划、建设雨水滞渗、净化、利用和调蓄设施。

第三十七条　沿海地区应当积极开发利用海水资源。

沿海或者海岛淡水资源短缺地区新建、改建、扩建工业企业项目应当优先使用海水淡化水。具备条件的，可以将海水淡化水作为市政新增供水以及应急备用水源。

第四章　保障和监督

第三十八条　县级以上地方人民政府应当健全与节水成效、农业水价水平、财力状况相匹配的农业用水精准补贴机制和节水奖励机制。

对符合条件的节水项目，按照国家有关规定给予补助。

第三十九条　国家鼓励金融机构提供多种形式的节水金融服务，引导金融机构加大对节水项目的融资支持力度。

国家鼓励和引导社会资本按照市场化原则依法参与节水项目建设和运营，保护其合法权益。

第四十条　国家鼓励发展社会化、专业化、规范化的节水服务产业，支持节水服务机构创新节水服务模式，开展节水咨询、设计、检测、计量、技术改造、运行管理、产品认证等服务，引导和推动节水服务机构与用水单位或者个人签订节水管理合同，提供节水服务并以节水效益分享等方式获得合理收益。

国家鼓励农村集体经济组织、农民专业合作社、农民用水合作组织以及其他专业化服务组织参与农业节水服务。

第四十一条　国家培育和规范水权市场，支持开展多种形式的水权交易，健全水权交易系统，引导开展集中交易，完善水权交易规则，并逐步将水权交易纳入公共资源交易平台体系。

第四十二条　对节水成绩显著的单位和个人，按照国家有关规定给予表彰、奖励。

第四十三条　县级以上人民政府水行政、住房城乡建设、市场监督管理等主管部门应当按照职责分工，加强对用水活动的监督检查，依法查处违法行为。

有关部门履行监督检查职责时，有权采取下列措施：

（一）进入现场开展检查，调查了解有关情况；

（二）要求被检查单位或者个人就节水有关问题作出说明；

（三）要求被检查单位或者个人提供有关文件、资料，进行查阅或者复制；

（四）法律、行政法规规定的其他措施。

监督检查人员在履行监督检查职责时，应当主动出示执法证件。被检查单位和个人应当予以配合，不得拒绝、阻碍。

第四十四条　对浪费水资源的行为，任何单位和个人有权向有关部门举报，接到举报的部门应当依法及时处理。

第四十五条　国家实行节水责任制和节水考核评价制度，将节水目标完成情况纳入对地方人民政府及其负责人考核范围。

第五章　法律责任

第四十六条　侵占、损毁、擅自移动用水计量设施，或者干扰用水计量的，由县级以上地方人民政府水行政、住房城乡建设主管部门或者流域管理机构责令停止违法行为，限期采取补救措施，处 1 万元以上 10 万元以下的罚款；造成损失的，依法承担赔偿责任。

第四十七条　建设项目的节水设施没有建成或者没有达到国家规定的要求，擅自投入使用的，以及生产、销售或者在生产经营中使用国家明令淘汰的落后的、耗水量高的技术、工艺、设备和产品的，依照《中华人民共和国水法》有关规定给予处罚。

第四十八条　高耗水工业企业用水水平超过用水定额，未在规定的期限内进行节水改造的，由县级以上地方人民政府水行政主管部门或者流域管理机构责令改正，可以处 10 万元以下的罚款；拒不改正的，处 10 万元以上 50 万元以下的罚款，情节严重的，采取限制用水措施或者吊销其取水许可证。

第四十九条　工业企业的生产设备冷却水、空调冷却水、锅炉冷凝水未回收利用的，由县级以上地方人民政府水行政主管部门责令改正，可以处 5 万元以下的罚款；拒不改正的，处 5 万元以上 10 万元以下的罚款。

第五十条　县级以上人民政府及其有关部门的工作人员在节水工作中滥用职权、玩忽职守、徇私舞弊的，依法给予处分。

第五十一条　违反本条例规定，构成违反治安管理行为的，由公安机关依法给予治安管理处罚；构成犯罪的，依法追究刑事责任。

第六章　附　　则

第五十二条　本条例自 2024 年 5 月 1 日起施行。